평소 정리 정돈하는 습관을 들이고,
수납 스타일에 조금만 변화를 준다면 좁은 공간에도
훌륭한 수납을 할 수 있고 넓어 보이는 효과까지도 줄 수 있다.
이것이 바로 정리 정돈과 수납의 힘이라는 것을 기억하자!

맛있는 요리를 만드는 레시피가 있는 것처럼 웃음, 힐링, 성장을 만드는 레시피도 있을까요?

레시피팩토리는 모호함으로 가득한 이 세상에서 당신의 작은 행복을 위한 간결한 레시피가 되겠습니다.

목돈 드는
# 인테리어 대신
오늘 바로 시작하는
# 현실 수납

# 수납은
# 애정 가득한 힐링 공간을 만드는 일

어린 시절 나의 집은 세 식구가 겨우 누울 수 있었던 자그마한 단칸방이었다. 이사를 다니는 횟수도 많았는데 매번 만나는 집들은 항상 구조만 조금씩 다를 뿐 언제나 비슷한 크기의 단칸방이었다. 이리 누우면 엄마에게, 또 저리 누우면 아빠에게 바로 안겨 잠을 청할 수 있는 그 작은 단칸방이 어린 나에게는 그 어떤 집보다도 아주 따뜻하고 포근했던 기억으로 남아있다.

그러나 단칸방 생활이 길어질수록 나의 '집'에 대한 로망은 점점 더 커졌고, 고등학교 시절 드디어 단칸방을 벗어나 '내 방'이라는 낯설지만 너무나 소중한 공간을 만날 수 있었다. 물론 다른 사람들 눈에는 그렇게 좋아 보이지 않을 수 있는 방 두 칸짜리의 자그마한 반지하 전셋집이었지만 평소 집에 대한 로망이 가득했던 나에게는 정말 너무나 소중한 공간이었고, 그 소중함은 생에 처음으로 단칸방을 벗어난 부모님께도 아주 큰 의미로 다가갔다.

그래서일까? 원래도 살림을 깔끔하고 지혜롭게 하셨지만 유난히 더 쓸고 닦고 정리 정돈을 하는 엄마의 모습이 내 눈에 더 많이 들어왔고, 아빠 역시 이 집이 전셋집이 아닌 꼭 우리의 오랜 보금자리가 될 것처럼 그 공간에 많은 애정을 쏟으셨다.

아마도 그때부터였던 것 같다. 엄마의 정리 정돈을 따라 하고 내 나름의 수납 방법을 만들어 내 방을 애정이 가득한 힐링 공간으로 만들었던 것, 그리고 물건들의 정리와 수납이 결코 단순한 것이 아닌 각각의 공간과 그 공간에 함께하는 사람들에게까지도 많은 영향을 미치게 된다는 것을 알게 되면서부터 정리와 수납을 또 다른 시각으로 바라보게 되었다.

그래서 평소 정리를 미루어 왔거나 수납이 마냥 두려워 시작하지 못하는 사람들에게 정리와 수납에 대한 이야기를 들려주고 싶었고 그중에서도 일생을 좁은 공간에서 많이 살아왔던 나는 나와 같은 사람들에게 기존의 일반적인 수납 이야기보다는 좁은 공간에 필요한 또 다른 수납 이야기를 들려주고 싶었다. 그리고 수납을 시작하는 것뿐만 아니라 그 수납을 꾸준히 유지하는 것 또한 아주 중요한 일이기 때문에 유지에 도움을 줄 수 있는 이야기 역시 함께 나누어 보고 싶었다.

집이 좁아서, 짐이 많아서, 돈이 없어서! 어떤 이유로든 정리와 수납을 포기하고 있다면 이런 생각은 잠시 접어두고 이 책을 통해 내가 느꼈던 정리와 수납의 쾌감을 꼭 함께 느껴보았으면 좋겠다. 멀게만 느껴지는 수납이 아닌 언제나 나와 동행하는 수납. 자! 이미 이 책을 펼쳐 보고 있는 당신이라면 충분히 수납과 친해질 수 있다. 그러니 '~때문에' 포기가 아닌 '그럼에도 불구하고' 정리와 수납에 자신감을 가지고 도전해 보자. 모두! 아자 아자 파이팅!

살림에 늘 진심인 현실라이프 후맘

김미연 드림

# 현실라이프의
# 수납 생각

## 수납도 인테리어다

요즘은 많은 사람들이 집이라는 공간을 단순히 먹고 자고 쉬는 공간으로만 생각지 않고 조금 더 예쁘고 분위기 있는, 그리고 나와 가족들에게 힐링이 될 수 있는 공간으로 만들기 위해 노력하는 편이다. 이는 시대의 흐름과 기술의 발전으로 재택근무를 할 수 있는 직업들이 다양해졌고, 소통의 공간이 오프라인에서 SNS와 같은 온라인으로 확대됨에 따라 집이라는 공간은 때로는 일터가 되고, 또 어떤 때에는 휴식 공간과 취미 공간이 되어 주기도 하기 때문이다. 이렇듯 집은 나만의 핫플레이스이고 또 다른 소통의 공간이 되어주는 곳이다.

그래서 사람들은 자신이 일하고 힐링할 수 있는 집이라는 공간을 조금 더 효율적으로 만들기 위해 다양한 계획을 세우고, 자신의 일상을 SNS를 통해 조금이라도 더 예쁘고 분위기 있게 담아내고 소개하기 위해 노력하기에, 사소한 소품부터 조명 하나까지도 신경 쓰며 확실히 집에 대한 애착이 예전과는 또 다른 시각으로 바뀌어 가고 있다. 그런데 그렇게 많은 애착과 비중을 두는 '인테리어'에 비하면 정작 '수납'에 대한 생각이나 비중은 그보다 훨씬 더 적은 것 같아 안타까울 때가 많은데, 결론부터 말하자면 '수납도 인테리어'다! 오잉? 헛이라! 🤭

물론 고가의 가전과 가구, 소품, 인테리어 자재들이 집이라는 공간을 빛내 줄 수도 있지만, 수납이라는 작업 역시 집을 빛내 줄 수 있는 또 하나의 인테리어 방법이라는 것을 기억하자.

그뿐만 아니라 잘 정돈된 수납은 예쁜 인테리어 못지않게 마음에 편안함과 힐링을 주는 효과도 있기 때문에 꾸미는 인테리어 외에도 평소 정리 정돈과 수납에도 많은 애착과 비중을 두었으면 좋겠다. 같은 공간이라도 잘 정돈된 수납 상태 하나의 차이로 어떤 공간은 죽기도 하고 또 어떤 공간은 살기도 한다. 아~ 어디가 잘못된 거지? 🤭

그래서 수납 하나만 잘해도 좁아 보이던 공간이 넓어 보이고 지저분해 보이던 공간이 시각적으로도 깔끔해 보이는, 더 나아가 보이지 않았던 또 다른 수납 공간까지도 생겨나는 정말 신기한 마법 같은 일들이 일어나기도 한다. 와! 살 봤다!!! 🤭 그러니 수납이라는 인테리어는 큰돈이나 힘을 들이지 않고도 아주 간단하게 집 안을 돋보이게 해

주고, 더 나아가 마음의 힐링까지도 얻게 해주는 또 하나의 인테리어라는 것을 기억하고 앞으로는 수납에도 많은 애정과 비중을 두어 집 안 분위기를 한 단계 더 업그레이드할 수 있도록 노력해 보자.

## 좁은 공간은 자리싸움이다

살림을 하다 보면 '수납의 자리'가 얼마나 중요한지 느끼게 된다. 특히 좁은 공간에서 수납을 위해 정리 정돈을 하다 보면 정리가 짜증으로 바뀌고 더 나아가 좁은 공간에 수납해야 하는 자신의 상황을 답답해하며 더 넓은 집에 대한 선망으로까지 이어지기도 한다. 애 거 집 좋겠다~ 하지만 정리 정돈하는 습관을 들이고, 평소의 수납 스타일에 조금만 변화를 준다면 좁은 공간에도 훌륭한 수납을 할 수 있고 더 넓어 보이는 효과까지도 줄 수 있다. 이것이 바로 정리 정돈과 수납의 힘이라는 것을 기억하자! 물론 넓은 공간에 수납하는 것이 여유 있고 편할 수 있지만 정말 아이러니하게도 월급이 많든 적든 쓸 돈이 부족한 건 똑같듯, 공간이 넓어져도 수납 공간이 여전히 부족하다고 느끼는 경우가 많다. 아~ 나 분명 넓은 곳으로 이사 왔는데?

그러니 '넓었으면~ 커졌으면~' 하는 생각은 그만 접고, 지금 내가 수납해야 하는 이곳! 현실로 돌아오자. 좁은 공간은 자리싸움이다. 어떻게 자리를 만드느냐에 따라, 정리라는 작업은 즐거워질 수도 있고 반대로 한없이 짜증 나는 스트레스가 될 수도 있기 때문에 수납의 자리를 최대한 효율적으로 만들어보려고 노력하자. 또한 효율적인 수납을 위해서는 평소 물건에 대한 고찰을 놓치지 않고 필요한 것은 남기고 불필요한 것은 바로바로 줄일 수 있는 정리의 습관도 꼭 키워야 한다는 것을 잊지 말자.

좁은 공간이라는 이유로 정리 정돈과 수납을 포기하는 게 아닌, 좁은 공간일수록 정리 정돈과 수납이 더욱 중요하다는 것을 기억하고 꾸준히 해나가다 보면 어느 순간! 좁은 현실에 짜증 내는 자기 자신이 아닌 좁은 공간 속 수납의 달인이 되어가고 있는 자기 모습을 발견하게 될 것이다. 와~ 나도 달인인 거야? 

　또한 잘 정리되어 가는 자신의 살림을 보며 살림에 대한 소소한 즐거움과 거기에서 발견되는 또 다른 행복까지도 분명 느낄 수 있을 것이다. 시각을 바꾸고 생각을 바꾸면 길이 보인다. 그러니 좁은 공간이라고 단정 지어 버리며, 안 될 거라는 생각은 버리자! 수납의 달인이 많아지는 그날까지! 아자!

## 왜 유지 관리가 안되는 걸까?

수납의 적용보다 그 수납을 유지하는 일이 훨씬 더 어렵게 느껴지는 경우가 많다. 애써 적용해 놓았던 수납들이 다시 원래의 상태로 돌아가 '왜 나는 안 되지?', '그래, 내가 그렇지 뭐', '에잇! 난 안 할란다!' 등 자신의 수납 의지를 너무도 쉽게 꺾어버리는 안타까운 경우들도 많다. 그렇다고 자신의 의지를 너무 비관적으로 생각하지 말자. 누구든 처음부터 잘하지도, 잘할 수도 없는 일! 평소 수납과 유지가 잘되지 않는다고 나름 부지런히 잘 살아가고 있는 자신을 탓하기보다 꾸준히 유지할 수 있는 환경을 만드는데 집중해 보자. 유지가 힘든 수납은 누구라도 금방 무너지기 쉽다. 그래? 나만 그런 거 아니야? ㅜㅠ

　그러니 유지가 수월한 수납을 한다면 유지 관리가 무작정 힘들고 번거롭게 느껴지지만은 않을 것이다. 그리고 하나 더! 유지가 쉬운 환경을 만듦과 동시에 자신의 습관 또한 그 환경에 맞추려 노력하자. 유지에 가장 큰 걸림돌이 되는 것이 바로 '습관'. 많은 습관 중 '모른척하는 습관'은 유지에 어려움을 주는 가장 큰 원인이 된다. 오른쪽──

　그리고 귀찮다는 생각도 게으름보다 습관으로 인해 나오는 것임을 기억하자. 그러니 꾸준한 유지를 원한다면 수납과 유지에 도움 되는 습관을 키우자. 그래! 지금 바로 옆에 어질러진 그 물건부터 정리하고 정돈하자.

물론 정리를 좋아하고, 정리와 관련하여 특별한 재능을 가진 사람도 분명 존재하지만 우리 주위에는 그렇지 않은 사람도 많으며 그들 중 일부는 습관을 통해 수납과 유지에 성공하는 이들도 많다는 걸 기억하자. 꾸준한 유지를 위해서는 수납과 동시에 이 습관 또한 잘 이어질 수 있도록 노력해야 한다.

그리고 무작정 따라만 하는 수납이 아닌 그 수납 방법을 자신에게 맞추어 자기화시키는 것도 아주 중요하다. 즉 자신의 수납 환경을 살펴 선택한 방법을 자신에게 잘 맞게 조절하는 것, 이 또한 꾸준한 수납의 유지에 중요한 포인트. 앞으로의 수납은 효율적인 수납과 유지하기 쉬운 환경을 만들어 유지에 대한 스트레스를 낮춰 살림에는 보탬이 되고 마음에는 힐링이 되도록 만들자.

이런 말이 있지 않나?! '인생에 실패자는 없다. 포기하는 자만 있을 뿐'. 수납과 유지 역시 마찬가지. '수납에 실패자는 없다. 포기하는 자만 있을 뿐'. 그러니 포기하지 말고 꾸준히 수납에 도전하고 습관 만들기에 힘써보자. 포기하지 않으면 성공하고, 분명 그 습관을 지키려는 노력 뒤에는 큰 성취감과 함께 여태 느껴보지 못한 또 다른 뿌듯함이 기다리고 있을 것이다. 오호호! 이런 기분 처음이야! 으하~

# Contents

## Chapter 1

살림하기 편하고 깔끔한
### 주방 & 냉장고 수납팁

## Chapter 2

언제든 찾기 쉬운 다양한
### 보관장&가구 수납팁

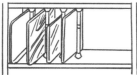

저자가 수납 정리를 하면서 느끼는 감정들을 독자들에게 효과적으로 전달하고
함께 공감하고자 문장 곳곳에 감정 이모티콘을 사용했습니다.

# Chapter 3

늘 고민하던 그 물건 야무지게 보관하는
## 아이템별 수납팁

# Chapter 4

알뜰하게 해결하는 아이디어 집중 탐구
## 압축봉 & 재활용

# Chapter

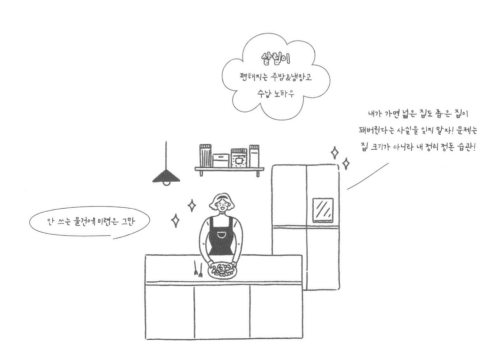

살림이
편해지는 주방&냉장고
수납 노하우

내가 가면 넓은 집도 좁은 집이
돼버린다는 사실을 잊지 말자! 문제는
집 크기가 아니라 내 정리 정돈 습관!

안 쓰는 물건에 미련은 그만

# 살림하기 편하고 깔끔한
# 주방 & 냉장고 수납팁

주방에는 싱크대뿐 아니라 가구, 전자제품까지 한 공간에 모두 비치되어 있어야 하기 때문에 공간이 협소할 경우 금세 복잡해지고 만다. 그래서 제대로 된 동선 정리와 수납, 그리고 유지에 신경을 쓰지 않으면 사용이 불편하고 비위생적인 환경으로 금방 바뀌어 버릴 수 있다. 주방은 주부들이 가장 많은 시간을 보내는 곳 중 하나로 그만큼 더 편하게 살림을 할 수 있는 공간으로 만들어야 하며, 식재료 보관은 물론 음식을 만드는 곳이기도 하기 때문에 위생적인 부분에 있어서도 더 많은 관리가 필요하다. 그렇다면 많은 주부의 고민인 주방과 냉장고의 수납은 어떻게 해결하고 개선하면 좋을지 지금부터 알아보자.

## 주방 수납, 이것부터 알아두자

수납하더라도 무작정 물건을 정리만 하는 것이 아닌, 그 수납을 유지하는 것에 지치지 않도록 내 손의 번거로움을
최소한으로 줄이는 방법을 택하자. 항상 어떻게 하면 최대한 편하게, 그리고 효율적으로 사용할 수 있을지 생각해야 한다.
수납이 편해야 유지도 쉽고, 유지가 쉬워야 수납의 실패도 막을 수 있기 때문이다.

### ❶ 내 손이 덜 가려면? 자리 지정 분류 수납법

주방의 수납 상태가 잘 유지될 수 있도록 우선 종류에 따라 물건들의 자
리부터 정하자. 이러한 분류 수납법은 단순히 사용하기 편한 정리를 넘
어, 내 손이 수고하는 번거로움까지 줄여주어 수납에 있어 아주 중요한
포인트가 된다.

특히 주방의 경우 용품은 물론 선반의 위치와 싱크대 공간 또한 다양
하기 때문에 물건의 자리가 제대로 분류되어 있지 않으면 매번 물건 찾
기가 번거롭고 불편해진다. 아~ 복잡해!

그렇기 때문에 주방 수납은 한눈에 보이는 수납을 하되, 먼저 싱크대
전체를 종류별로 각각의 구획을 나누어 기본적인 자리부터 정하고 구획
을 나누었다면, 싱크대 안쪽 선반의 각 칸에 조금 더 디테일한 자리를 만
들어 물건을 정리하자.

상부장에서 손이 닿기 가장 편한 아래 칸에는 자주 사용하는 물건을,
중간 칸에는 그다음으로 자주 사용하는 물건을 수납하자. 손이 닿기 힘
든 가장 높은 위 칸에는 평소 자주 찾지 않는, 사용 빈도가 낮은 물건을
수납하되 잘 깨지지 않고 가벼운 물건 위주로 수납해 꺼내 쓰기 쉽게 하
는 것도 좋다.

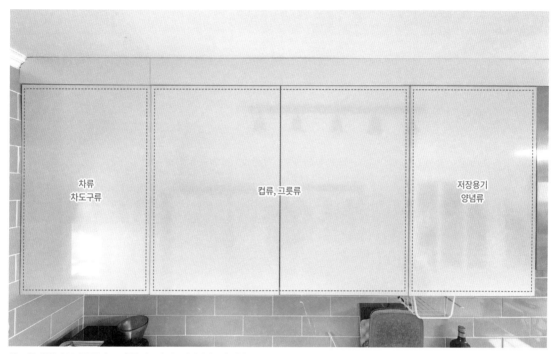

싱크대는 용품 수납 전 종류별로 구획을 나누어 기본적인 자리부터 정한다.

싱크대 안쪽 선반은 사용 빈도에 따라 아래 칸은 자주 사용하는 물건,
중간 칸은 그다음으로 자주 사용하는 물건을 수납한다.

가장 높은 위 칸은 사용 빈도가 낮은 물건, 잘 깨지지 않고 가벼운 물건
위주로 수납해 보자.

**\* 아이에게 좋은 습관 만들어주는
아이 그릇장 만들기**

아직 키가 작은 아이들의 식기는 그들의
시선에 맞게 싱크대 하부장이나 아래 공
간에 있는 수납장에 전용 수납 공간을 따
로 만들어주자. 물론 아직 엄마의 손이 많
이 필요한 나이이긴 하지만 이런 환경은
아이들 스스로 자신의 그릇을 꺼내고 정
리하는 습관을 기를 수 있게 해서 자신도
엄마를 도울 수 있다는 뿌듯함과 엄마로
부터 독립을 배우는 아주 작지만 소중한
성장의 한 과정이 될 수 있다.

이렇게 평소 자신이 물건을 사용하는 빈도에 따라 각 칸을 디테일하게
구분해 수납 자리를 만들면 사용과 관리가 편리한 환경이 될 수 있다.

이런 '분류 수납'은 평소 나의 주방 생활을 조금 더 편안하고 사용하기
쉽게 유지할 수 있는 환경으로 만들고, 종류별로 나뉜 각각의 구획들은
굳이 내 손이 가지 않아도 누구든 쉽게 물건을 바로바로 찾을 수 있는 환
경을 만들어 살림의 번거로운 순간들을 줄여준다. 또한 주방은 살림을
하는 주부 외에도 가족들이 드나드는 장소이므로 나뿐만 아니라 가족
모두가 자주 사용하는 물건들을 그들의 시선에 맞게 수납해 놓는 방법
도 활용해 보자. 알아서들 꺼내 쓰도록~!

비록 작은 수납의 일부지만 이렇게 내 손을 덜 거치는 수납 방법을 활
용하면 집 안 살림을 가족들과 함께 나눠서 할 수 있는 환경이 만들어지
고, 그만큼 살림에 드는 에너지를 아낄 수 있어 유지의 힘을 키우는데 많
은 도움을 받을 수 있다.


## ❷ 지치지 마세요! 살림이 가벼워지는 동선 정리법

주방 공간에 어떤 동선을 만들어 놓느냐에 따라 매일 하게 되는 주방 살
림이 즐거울 수도 또는 금방 지치는 일이 될 수도 있다. 그렇기에 아무리
작은 주방이라도 주방 동선에 맞춰 물건을 정리하고 수납하는 것이 중
요하며, 이는 곧 주방 일을 효율적으로 하는데 가장 큰 도움이 된다.

주방의 중심인 싱크대 동선은 보통 준비대→개수대→조리대→가열
대 순으로 배치되어 있다. 가장 이상적인 주방 동선을 위해서는 재료를
준비하는 준비대 근처의 냉장고를 시작으로 마지막 가열대 근처인 식탁
(배선대)까지 바로 이어질 수 있는 동선을 만들어 불필요한 동선을 줄이
는 것이 좋다.

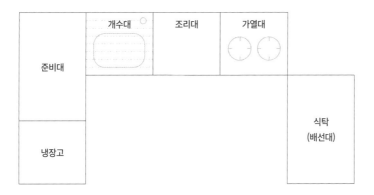

냉장고를 시작으로 준비대→개수대→조리대→가열대→식탁(배선대) 순서로 이어지는 것이 가장 이상적인 주방 동선!

대부분 준비대 개수대→조리대→가열대 순으로 싱크대 동선이 배치되어 있으니, 동선에 맞춰 가구와 전자제품의 위치를 정하자.

정수기 옆에 컵을 두는 등의 동선에 맞춘 물건
수납은 시간 단축은 물론 효율성까지 Up!

커피머신 옆에는 커피잔과 커피 관련 도구를
함께 두어 편의성을 높이자.

토스트기, 시리얼을 나란히 두면 아침 식사와
간식 준비가 편리해진다.

만약 냉장고를 준비대와 동떨어진 곳에 놓아 재료를 가지고 준비대까지 이동해야 하는 번거로움이 있거나, 가열대에서 조리를 마친 음식들을 멀리 떨어진 식탁 때문에 바로 내려놓지 못하는 불편함이 있다면 전자제품과 가구의 위치도 생각해 효율적인 동선을 다시 만들어야 한다.

또한 싱크대 안 물건들 역시 싱크대의 동선에 맞춰 수납하자. 예를 들어 물을 사용하는 개수대 근처에는 식재료 세척에 필요한 볼이나 채반을, 조리대와 가열대 근처에는 도마나 프라이팬, 양념, 조리도구 등을 수납하는 등 싱크대의 각 공간에서 주로 사용하게 되는 용품들 위주로 수납하는 것!

아무리 짧은 거리라도 같은 자리를 계속해서 왔다 갔다 하게 되면 쉽게 피로해질 수 있기 때문에 의미 없이 반복되는 비효율적인 동선은 줄여주자. 으~ 지치기 10초 전!

동선에 맞춘 정리와 수납은 주방 공간의 사용 시간을 단축시킬 뿐 아니라 물건을 사용하고 정리하는 과정의 효율성까지 높여준다. 정수기 옆 컵, 커피머신 옆 잔, 토스트기 옆 시리얼 등과 같이 실과 바늘 사이처럼 서로 연관된 물건들을 서로 가까이 두어 효율적인 수납은 물론 수납 유지까지 도움을 받아보자. 단짝을 찾아보자고!

## ❸ 성질나는 정리는 그만! 개수 많은 아이템 정리 요령

비효율적인 수납은 정리를 금방 지치게 할 뿐 아니라 화와 짜증까지 치밀어 오르게 만든다. 부들부들 특히 살림 중 자주 사용하는 물건들의 수납이 제대로 이뤄지지 않을 경우, 물건을 사용할 때마다 짜증 나는 횟수도 많아지고 살림에 대한 애착 또한 쉽게 떨어질 수 있기 때문에 더 편안하고 기분 좋은 살림을 유지하기 위해 각각의 용품들에 맞는 효율적인 수납 방법을 찾는 것이 중요하다.

### How to 1 자주 쓰는 양념 수납

양념은 주방에서 많이 사용하는 재료 중 하나로, 요리하는 시간을 즐겁고 편안하게 만들기 위해서는 양념의 사용뿐 아니라 관리까지 쉬운 수납 환경을 만드는 것이 좋다.

먼저 포장 상태에 따라 봉지 형태인 양념과 용기 형태인 양념 두 가지로 종류를 분류하고, 포장 그대로 사용하기 힘든 봉지 형태의 양념들은 작은 양념통에 소분, 용기로 되어있는 양념들은 따로 소분할 필요 없이 기존 용기 그대로 사용할 수 있도록 정리하자.

이때 조금 더 깔끔하고 예쁘게 정돈된 수납을 위해 봉지 형태의 양념뿐 아니라 용기로 된 양념까지도 모두 통일된 양념통에 소분하여 사용하는 경우도 있는데, 이는 시각적으로는 더 좋을지 몰라도 매번 용기를 세척, 소분, 라벨링하는 작업까지 더 늘어나는 것이기 때문에 정리와 유지에 어려움이 있는 사람들이라면 실패할 확률이 높은 수납이다. 아~ 은 근히 번거롭네...

그러니 깔끔하고 예쁘다는 이유로 무조건 모든 양념들을 소분하지는 말자. 괜히 새로 구입한 양념통만 무용지물이 될 뿐 또 다른 실패로 인해 수납에 대한 자신감까지 떨어질 수 있다.

유지가 힘들다면 무엇보다 자신이 가장 잘 지켜낼 수 있는 수납법을 선택하여, 그 수납 환경이 꾸준히 유지될 수 있도록 노력을 기울여보자. 분명 성공 확률은 더 높아지고 살림의 자신감 또한 상승할 수 있을 것이다. 아싸! 나도 해냈다고!

여기서 또 하나! 여러 개의 양념통을 수납할 때는 각각 따로따로 낱개 형태로 수납하지 말고, 수납함에 담아 정리하자. 양념통을 하나하나 낱개로 수납할 경우 뒤쪽에 있는 양념통 사용 시 앞쪽 양념들을 모두 일일

양념은 각각 봉지와 용기 형태로
구분해 수납 정리를 하는 것이 좋다.

봉지 양념은 작은 양념통에 소분하면 사용도,
보관도 깔끔하다.

🛒 구매처 이케아

양념통(이헤르디그), 냅킨꽂이(시산) 🔍

용기에 든 양념은 따로 소분할 필요 없이 구매한 용기 그대로 사용하자. 단, 낱개 보관은 No!

용기 형태의 양념도 바구니나 트레이를 활용해 수납하면 사용이 편리하다.

조금 더 편하고 즐거운 수납을 원한다면 빙글빙글 회전 수납함을 추천한다.

🛒 구매처 인터넷 쇼핑

| 회전수납함 | 🔍 |
|---|---|

이 꺼내야 하는 번거로움이 생기고, 그 과정에서 양념통이 쓰러질 수 있기에 자칫하면 짜증을 넘어 성질까지 나는 수납이 될 수 있다. 우오오오~! 아! 열받아~~! 😤

　그러니 바구니나 트레이 등을 활용하여 양념통을 수납하고, 싱크대 안쪽 공간에 배치해 미관상 더욱 깔끔하게 유지될 수 있도록 하자.

　만약 안쪽에 위치한 양념들을 사용할때 바구니나 트레이를 앞, 뒤로 당기고 넣는 동작도 번거롭다면 이럴 때는 '회전형 수납함'을 사용해 보자.

　회전형 수납함은 자리 이동 없이 수납함을 원하는 쪽으로 간단히 돌리기만 하면 안쪽에 있는 양념을 쉽게 꺼내고 넣을 수 있기 때문에 손목에 부담이 없고 재료를 훨씬 더 편하게 사용할 수 있어 양념하는 과정이 확실히 더 즐거워진다. 돌리고 돌리고~ 😊

## How to 2 찾기 쉬운 주방용품 수납

주방에서 자주 사용하는 용품 중 하나가 바로 조리도구와 각종 주방용품. 주방 공간에서 자주 사용하는 아이템인 만큼 효율적인 공간 활용과 꾸준한 유지가 가능한 환경을 만들어주는 것이 좋다.

　자리를 만들 때는 좁은 주방일수록 자잘한 주방용품들이 최대한 보이지 않는 'HIDE 수납'을 해주는 것이 주방 공간이 더 넓고 정돈되어 보이기 때문에 조리도구나 자잘한 주방용품들은 싱크대 안쪽이나 서랍 속에 넣어주자.

　대신 다양한 모양과 크기의 주방용품들을 서랍 속에 한꺼번에 보관하면 수납 공간이 너저분한 공간으로 보일 뿐 아니라 물건을 찾고 정리하는데 있어서도 불편하고 짜증스러울 수 있다.

　그렇기 때문에 이런 제품들은 조금 더 디테일한 수납 방법을 활용해 물건과 물건의 경계선을 만드는 방법으로 수납을 해결하자. 바로 상자를 활용한 각각의 자리 만들기.

이때 상자는 물건의 길이에 따라 길이를 조절하여 정리할 수 있는 '길이 조절 수납함'으로 만들어 활용하자. 같은 사이즈의 상자 두 개를 준비하고, 입구 부분과 한쪽 면을 잘라 두 개의 상자를 나란히 겹쳐주면 완성! 이 길이 조절 수납함을 사용하면 물건 길이에 맞게 맞춤 보관이 가능하고 서랍 전체를 버리는 공간 없이 알뜰하게 활용할 수 있다. 또한 이 상자 수납은 각각의 물건마다 종류별로 공간을 분리해 주어 수납된 물건을 한눈에 확인할 수 있고 물건 정리와 유지 면에서도 훨씬 더 도움이 된다. 제자리에만 딱! 딱!

단, 주방에서는 일반 상자가 아닌 우유 팩을 활용해 수납함을 만들자. 고급 펄프로 만들어진 우유 팩은 수분에도 강하고 튼튼하며, 다양한 크기의 주방용품을 수납하기에 알맞은 사이즈로 유용하게 활용할 수 있다.

☑ 우유 팩의 또 다른 활용팁 보러 가기(200쪽)

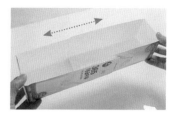

우유 팩 두 개를 준비해 입구 부분과 한쪽 면을 잘라 나란히 겹쳐준다. 늘였다 줄였다 물건에 맞춰 변신시켜 사용할 수 있다.

싱크대 서랍 공간에 우유 팩 길이 조절 수납함을 놓아 물건들의 자리를 만들어준다.

같은 디자인의 컵은 뒤쪽으로 나란히 일렬로
정렬 수납하면 컵이 한눈에 들어와 사용이
편리하다.

파일꽂이를 활용한 세로 수납

책꽂이를 활용한 세로 수납

### How to 3  다양한 컵 수납

크기도 모양도 제각각인 컵 수납에도 효율적인 방법이 필요하다. 바로 종류별로 수납하되 같은 종류의 컵들은 해당 컵 뒤쪽으로 일렬로 정렬시키는 수납 방식을 활용하는 것.

이는 모든 종류의 컵들이 선반 앞쪽에서 직관적으로 보이게 해서 컵을 찾기 위해 뒤에 있는 컵을 하나하나 집어올려 확인하거나, 뒤쪽 컵을 사용하기 위해 앞의 컵을 일일이 꺼내야 하는 번거로움을 줄여준다.

오~ 차츰 나는 컵 찾기 끄~읏~

### How to 4  내 손목을 위한 프라이팬 세로 수납

살림을 하다 보면 손이 마를 틈 없이 정말 다양한 일들을 하게 되는데, 그중 손목은 많은 주부들이 손목 터널 증후군을 겪을 만큼 가장 자주 사용하는 부위이다.

나이가 들어가는 나를 위해서라도 최대한 손목에 무리가 가지 않는 선에서 살림을 하는 것이 좋고, 손목을 아낄 수 있는 수납법이 있다면 최대한 적용해 보려는 노력이 필요하다.  아~ 내 손목…

특히 무거운 프라이팬! 혹시 프라이팬들을 무조건 위쪽으로 쌓아 올리는 적층 방식의 수납을 하고 있다면 지금 바로 '세로 수납'으로 바꿔보자.

세로 수납은 무거운 프라이팬을 층층이 들어 올리는 적층 방식의 수납과 달리 원하는 프라이팬만 바로 꺼내 사용하고 정리하기도 편한 형태로, 손목 사용의 부담을 줄이고 평소 깔끔한 정리 상태를 유지하기에도 쉬운 환경을 만든다.

쓰지 않고 방치되어 있는 파일꽂이나 책꽂이가 있다면 이 제품들을 활용하자. 시중에서 판매하는 프라이팬 정리대 없이도 프라이팬을 세로로 꽂아 수납할 수 있게 도와준다. 얘들아~ 엄마 안 쓰는 파일꽂이 좀~!

만약 프라이팬의 개수가 많아 싱크대 공간을 조금 더 효율적으로 활용하고 싶다면 시중에 있는 확장형 정리대를 활용하는 것도 좋다.

확장형 정리대는 설치하려는 공간의 가로 길이에 맞춰 나의 주방 공간에 꼭 맞게 사용할 수 있으며, 수납 칸 또한 유동적으로 조절이 가능해 프라이팬 두께에 따라 낱개로 하나씩 자리를 만들 수 있다. 이는 많은 종류의 프라이팬을 편안하고 부담 없이 수납 및 관리할 수 있고, 싱크대와 정리대 공간 모두를 낭비 없이 활용할 수 있어 공간 활용에도 많은 도움이 된다. 하나씩 넣고 빼고! 오~ 편하구먼~!

세로 수납 형태의 정리대 사용 시, 사진과 같이 싱크대 높이로 인해 프라이팬이 들어가지 않는 당황스러운 상황이 생긴다면 이때는 너무 걱정하지 말고 정리대를 세로로 세워 수납해 보자. 오!!!

세로로 세운 프라이팬 정리대는 정리대의 아래쪽 턱이 안쪽으로 배치되어 싱크대 높이 공간을 더 많이 확보할 수 있어 다양한 크기의 프라이팬 수납에 도움이 된다. 캬하~ 좋다고나!

그리고 쏙~ 빼고 쏙~ 밀어 넣으면 되기 때문에 오히려 정리대를 똑바로 놓았을 때보다 손목 부담이 적고 그만큼 유지에 대한 부담이 줄어든다.

## ✱ 손목을 아끼는 또 다른 비법 하나, 행주 바꾸기!

지금 내가 사용하고 있는 행주 두께가 어떤지 체크하고 두께가 두껍다면 지체 없이 얇은 것으로 바꾸자. 행주가 두꺼우면 행주 세척 시 비틀어 짜는 방식의 탈수를 하게 되는데 이는 손목에 큰 무리를 주는 행동 중 하나. 이 행동이 반복될수록 손목 터널 증후군의 발생 확률 또한 높아진다. 지금 내 손목이 멀쩡하다 해서 방심하지 말고 행주가 두껍다면 꾹~ 눌러서 짜도 충분히 탈수가 가능한 얇은 재질의 행주로 바꿔보자.

## ▌확장형 정리대 사용법

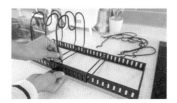
팬의 두께에 맞춰 수납 칸을 만들어준다.

팬을 크기별로 나란히 정리하자.

싱크대 높이가 낮아 팬 수납이 안 된다면?

정리대를 세로로 세워보자.

턱이 없어 손목 부담이 줄고 수납과 유지도
한결 편리하다.

🛒 구매처 인터넷 쇼핑

| 확장형 프라이팬 정리대 | 🔍 |

# 주방에선 세트 수납을 고집하지 마세요

주방 공간에는 세트로 되어 있는 주방용품들이 많은 편이다. 세트류를 수납할 때는 편의를 위해 세트끼리 묶어 놓는
세트 수납을 하는 경우가 많은데, 이렇게 하면 편의는 둘째 치고 오히려 공간 활용에 도움이 되지 못하는 용품들도 있다.
바로 뚜껑이 있는 반찬통과 냄비류들. 좁은 주방에서 이런 용품들은 세트 수납이 아닌 따로 수납, 즉 동선의 편의를 위해
같은 공간 안에 넣되 용기와 뚜껑은 따로따로 수납하는 방법을 활용하는 것이 좋다.

좁은 주방에서 접시 수납 시 접시꽂이 사용은
No!

## ❶ 반찬통 수납

사진과 같은 접시꽂이는 시중에서 아주 흔하게 볼 수 있는 접시 수납 용
품. 하지만 이런 스타일은 좁은 주방에서 접시를 정리할 때 꼭 피해야 할
수납 용품이기도 하다. 물론 이 접시꽂이만으로도 충분히 수납 가능한
가정도 있겠지만, 그렇지 않은 경우 몇 개 되지 않는 접시만으로도 수납
공간 하나가 금세 꽉 차버려 공간 활용 면에서는 추천하고 싶지 않은 수
납 용품이다. 대신 접시꽂이를 반찬통 뚜껑 정리용 수납 용품으로 역할
을 바꾸어 사용하면 이 또한 아주 유용한 수납 용품으로 변신한다. 접시만
꽂을 필요는 없지!

반찬통은 용기들만 따로 분리해 크기순으로 하나씩 겹쳐 쌓아 놓자.
이때 반찬통이 강화 유리가 아닌 일반 유리 소재라면 그릇을 쌓는 과정
에서 자칫 용기가 깨질 수도 있기에 조심히 다루어야 한다.

이제 남아 있는 뚜껑 차례! 뚜껑은 앞에서 말한 접시꽂이에 세로로 세
워 정리해 보자. 뚜껑은 되도록 크기순으로 정리하되 작은 사이즈에서
큰 사이즈 순으로 정리하면 원하는 뚜껑을 한눈에 찾기 쉽고 보기에도
더 깔끔하다.

뚜껑과 용기를 결합하여 세트로 놓는 '세트 수납'과는 달리, 같은 공간

에 수납하되 뚜껑과 용기를 따로 놓는 '따로 수납'은 수납 공간의 크기만 비교해 보아도 그 차이를 확실히 느낄 수 있다. 물론 '따로 수납'에도 단점은 있다. 용기를 차곡차곡 겹쳐 수납하기 때문에 원하는 용기를 꺼낼 때 번거로울 수 있다는 것. 하지만 수납 공간이 좁아 조금이라도 공간을 활용해야 한다면, 약간의 번거로움을 감수하고 '따로 수납'을 통해 공간을 1000% 활용하는 것이 더 합리적인 선택이 될 수 있다.

**before**

반찬통마다 뚜껑을 덮어 보관하는 세트 수납.

**after**

🛒 구매처 다이소

접시꽂이(5구)    🔍

반찬통은 크기순으로 겹쳐 수납하고, 뚜껑은 접시꽂이에 보관하는 따로 수납.

## ❷ 냄비 수납

### How to 1 **선반과 틈새 활용 수납**

냄비 역시 반찬통과 마찬가지로 몸체 부분은 크기별로 겹쳐 쌓고, 뚜껑의 자리는 따로 만들어 같은 공간에 '따로 수납'을 하자. 냄비 개수가 적을 때는 세트 수납을 해도 상관없지만, 수납해야 할 냄비 개수가 많다면 '따로 수납'을 하는 것이 좋다.

냄비의 경우 부피가 크고 무게감이 있는 용품들이기에 꼭 선반이 설치된 곳 위아래로 공간을 나누어 소량씩 쌓는 방식이 좋으며 냄비 뚜껑은 냄비를 수납한 후 남게 되는 틈새 공간들을 활용해 세로 형태로 수납하자.

대신 뚜껑 수납은 틈새 공간에 뚜껑을 걸칠 수 있는 환경이 된다면 별도의 수납 용품 없이 냄비 뚜껑을 틈새 사이에 바로 꽂아 보관하고, 만약 공간이 없거나 조금 더 안정감 있는 뚜껑 수납을 원한다면 틈새에 맞는 바구니나 파일꽂이 등을 활용해도 좋다. 만약 싱크대 높이가 낮아 파일꽂이를 세로로 사용하기 어렵다면 사진과 같이 파일꽂이를 옆으로 한 번 더 눕혀 낮은 형태의 세로로 만들어 사용하자.

### How to 2 **수건걸이 수납**

냄비 뚜껑을 따로 수납할 수 있는 또 다른 방법! 바로 수건걸이를 활용하는 것. 먼저 시중에 파는 수건걸이를 냄비 몸체가 수납된 싱크대 문 안쪽에 설치하자. 사진과 같이 위아래 공간에 각각 하나씩 설치하면 냄비 뚜껑 거치대로 아주 훌륭한 장소가 된다.

✱ **수건걸이 구매 요령**

수건걸이 구매 시 스티커형 부착 제품은 냄비 뚜껑의 무게를 견디지 못해 큰 소리를 내며 떨어질 수 있으니 꼭 나사나 못을 사용하여 고정할 수 있는 제품을 선택하는 것이 좋다. 아! 깜딱이야!

**틈새 공간을 활용한 뚜껑 수납법**
냄비 몸체를 선반의 위아래로 나눠 크기 별로 소량씩 겹쳐 보관하고 그
옆 틈새 공간에 뚜껑을 수납한다.

**바구니, 파일꽂이를 활용한 뚜껑 수납법**
싱크대 높이가 낮을 경우 파일꽂이는 옆으로 눕혀 활용한다.

**수건걸이를 활용한 뚜껑 수납법**
냄비 몸체가 수납된 싱크대 문 안쪽에 수건걸이를 설치해 뚜껑 거치대로 활용해 보자.

# 주방 공간이 부족하다면? 선반에 선반을 더하다

작고 다양한 살림들이 가득한 곳이자 주부들이 집에서 가장 많은 시간을 보내는 곳, 주방!
그렇기 때문에 효율적인 수납에 대해 늘 고민하게 되는 장소 중 하나이다. 특히 좁은 주방의 경우, 수납에 대한 고민이
더 많아지는데 이럴 때는 선반에 선반을 더하는 방법을 적극 활용해 보자. 기존 싱크대 선반을 그대로 사용하기보다
선반 위에 선반을 더해 버려질 수 있는 아까운 공간들을 모두 활용하는 수납법이다.

✻ **언더 선반 구매 전 체크 포인트**

언더 선반의 경우 대사이즈(약 가로 40cm,
세로 26cm, 높이 14cm)와 중사이즈(약
가로 30cm, 세로 26cm, 높이 14cm)를
가장 많이 활용한다. 시중에는 아주 다양
한 사이즈의 언더 선반이 판매되고 있으
니 각자의 살림 스타일과 수납이 필요한
공간에 맞춰 잘 활용하면 좁은 주방에 더
효율적으로 수납할 수 있다.

## ❶ 선반 아래에 꽂아 쓰는 언더 선반

싱크대 위 공간 활용에 아주 유용한 언더 선반은 특히 좁은 주방에 없어
서는 안 될 아주 중요한 필수템이다. 보통 이곳에는 작은 사이즈의 접시
나 소스 종지, 그릇 덮개 등 부피가 크지 않은 용품들 위주로 수납하기
좋고, 주방 공간이 아니더라도 팬트리, 옷장, 다용도실 등 위 공간을 아
주 유용하게 활용할 수 있는 수납 용품이기도 하다.

   그리고 또 하나! 언더 선반은 꼭 반듯이 꽂아야 한다는 편견을 버리
자. 언더 선반을 뒤집거나 세우면 또 다른 형태의 새로운 수납 공간이 탄
생한다. 특히 천장과 맞닿아 있는 싱크대 상부장의 맨 위 칸은 대부분 싱
크대 마감 처리가 되어 있어 언더 선반을 꽂아 활용하기 어렵다. 이와 같
이 위쪽에 여유 공간이 없어 언더 선반을 꽂을 수 없을 때는, 언더 선반
을 그대로 뒤집어 아래 선반에 꽂는 방법을 활용해 보자! 그래! 다른 길이 있었
지? 또 다른 선반 활용법의 등장이 위 공간 활용에 톡톡한 도움을 줄
수 있다.

## ▌선반 아래쪽으로 꽂는 경우

버려질 수 있는 위 공간에 언더 선반을 꽂아 작은 사이즈의 접시, 소스 종지 등을 보관하는데 활용해 보자.

그릇 덮개 등 부피가 작은 주방용품 위주로 수납하면 좋다. 위 공간 활용에 최고의 꿀템!

🛒 구매처 인터넷 쇼핑, 모던하우스

언더 선반, 선반 밑 바스켓 🔍

## ▌선반 위쪽으로 꽂는 경우

언더 선반을 똑바로 꽂지 못할 경우 뒤집어 꽂으면 또 다른 형태의 수납 공간이 탄생한다.

## ✱ 핸드폰 거치대가 순식간에!

작은 사이즈의 언더 선반을 싱크대 상부
장 아래쪽에 설치해 보자. 작은 주방 소품
수납뿐 아니라 핸드폰 거치대 역할로도
굿! 설거지도 하고 영상도 보고~! 룰루랄라~!

작은 사이즈의 언더 선반을 싱크대 상부장
아래에 꽂으면 핸드폰 거치대로 변신.

## ✱ 경첩 조절 방법

싱크대 문 쪽 경첩 나사를 살짝 풀어 문을
앞, 뒤로 당길 수 있게 한 후 설치된 문과
옆 싱크대 문을 같은 라인으로 조절하면
튀어나오는 부분 없이 깔끔하다. 물론! 싱
크대에 따라 상이할 수 있어요!

언더 선반을 세워 꽂았을 때 싱크대 문이
튀어나온다면?

싱크대 문 안쪽 경첩 나사를 조절해 옆 싱크대
문과 라인을 맞추면 된다.

싱크대 하부장의 경우 세로로 세워 꽂는 방법도 있다. 이곳에는 미니 쟁
반, 키친타월, 랩, 호일, 위생 봉지 등 세로로 꽂을 수 있는 주방용품들을
수납해 보자.

　이때, 주방 동선에 방해가 되지 않도록 수납하려는 물건에 따라 위치
를 잘 체크한 다음 설치하고, 특히 세워서 꽂을 때는 싱크대 문이 살짝
튀어나올 수도 있으니 그 점을 감안하고 사용하거나 신경이 쓰인다면
경첩을 조절하자. 이게 어디야! 자리가 하나 더 생겼잖아! 와우! 😊

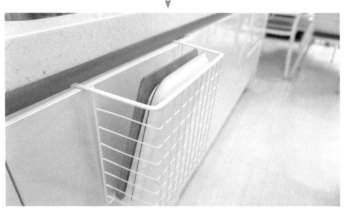

언더 선반도 세로 수납으로! 쟁반, 키친타월, 랩, 호일, 위생 봉지 등 세로 수납이 가능한 주방용품을
정리해 보자.

## ❷ 안정감이 좋은 2단 선반

요즘은 주방 공간에 나만의 홈카페를 만드는 사람들이 많아졌다. 그리고 단순히 홈카페를 넘어, 직접 커피와 차에 대해 배우고 자신만의 레시피를 찾으며 오로지 나를 위한 힐링을 즐기는 사람들 또한 많다. 하지만 주방이 좁아 아직 홈카페를 만들지 못했다면 지금 바로 나만의 홈카페 만들기에 도전해 보자. 좁다고 포기는 금물! 할 수 있다! 얍! 🥚

평소 정리와 수납에 조금 더 관심을 갖고 버려질 수 있는 공간들을 수납 용품으로 잘 활용한다면 좁은 주방에도 나만의 홈카페를 충분히 만들 수 있다. 아주 자그마한 홈카페가 되겠지만 그러면 어떤가! 소소하지만 작은 설렘을 줄 수 있는 공간 하나가 생겼다는 건 수납에 있어서 큰 성과이고 이것은 곧 수납에 대한 자신감으로 이어지기 때문에 포기보다는 도전하려는 자세가 중요하다. 뭐야~ 뭐야~ 나도 할 수 있잖아?! 🥚

나만의 미니 홈카페를 만들기 위해서는 어떤 수납법이 좋을까? 우선 싱크대 안쪽 공간을 2단 선반을 활용해 정리하자. 2단 선반의 원래 용도는 양념을 수납하는 양념랙. 그렇기에 작은 사이즈의 차 용기들을 넣을 수 있는 선반으로 활용하기에 안성맞춤이다. 특히 2단 선반은 단층으로만 수납되어 버릴 수 있는 위 공간까지도 활용할 수 있고, 다양한 차 종류들도 한눈에 쉽게 확인을 할 수 있어 미니 홈카페에 아주 유용한 수납템이 되어준다.

✳ **2단 선반 구매 전 체크 포인트**

2단 선반은 시중에서 쉽게 구할 수 있지만 싱크대 사이즈와 맞지 않아 설치할 때 난감한 경우가 생길 수도 있다. 가장 먼저 해야할 일은 선반이 들어갈 싱크대 안쪽 높이와 선반에 수납할 용기 높이를 확실하게 체크하기. 만약 앞쪽에 턱이 있는 선반이라면 용기를 넣고 빼는 과정이 수월할 수 있도록 용기 위쪽의 여유 공간까지 계산해 구매하는 것이 좋다.

2층 선반을 활용해 위 공간까지 알뜰하게 수납해 보자.

다양한 차를 수납할 수 있는 공간 확보와 한눈에 보이는 수납으로 홈카페에 딱!

🛒 구매처 모던하우스

**DIY 2단 양념랙 300** 🔍

크기가 다른 접시들을 쌓아 올리는 것은 비추!

오픈형 2단 접시 선반을 활용해 칸별로
사이즈를 나누어 수납하자.

🛒 구매처 다이소

| 조립식 2단 수납선반 | 🔍 |
|---|---|

### ❸ 오픈형 2단 접시 선반 활용

싱크대 정리를 하다 보면 많이 사용하는 수납법 중 하나가 '쌓기 수납'. 쌓기 수납의 경우 밥그릇이나 국그릇 등 종류와 크기가 같은 그릇들을 쌓아 놓을 때는 아주 유용하지만, 종류와 크기가 다른 그릇들을 쌓을 때는 무척이나 번거롭고 짜증 나는 수납법이 될 수 있다.

접시의 경우, 크기별로 접시 개수가 몇 개 되지 않기 때문에 아무 생각 없이 쌓아버리는 경우가 많다. 하지만 크기가 다른 접시가 쌓일수록, 접시를 꺼낼 때마다 짜증 지수도 함께 쌓인다는 것을 잊지 말자. 으윽~ 😖

사이즈가 다른 접시들을 수납할 때는 칸별로 사이즈를 나누어 정리할 수 있는 2단 접시 선반을 활용해 보자. 2단 접시 선반은 위아래 공간으로 나누어 수납할 수 있어 정리하기도 좋지만 무엇보다 사용하기에 더없이 편리하다. 오~ 꼭 써봐야겠구먼~ 흐흐... 😏

**✲ 2단 접시 선반 구매 전 체크 포인트**
가장 먼저 위아래 고정이 흔들림 없이 튼튼하게 사용 가능한 제품인지 체크하자. 선반 다리가 4개인 것보다는 옆 라인이 오픈되어 있는 디자인을 선택해 다양한 사이즈의 접시들을 편리하게 수납해 보자. 확실히 실용성은 업! 짜증은 다운! 시켜주는 수납 용품이라는 것을 느낄 것이다.

### ❹ 하부장 선반 활용

싱크대 바로 밑에 있는 하부장 공간은 다른 공간에 비해 가로 폭과 세로 폭이 아주 넓고 높은 것이 특징. 그렇기 때문에 하부장의 경우 선반을 활용해 공간을 나누어 물건을 더욱 효율적으로 수납하는 것이 좋다. 이 공간에 선반이 없을 경우 다양한 물건의 분류가 힘들어지고, 정리를 해 놓아도 어쩐지 지저분해 보일 뿐 아니라 자칫 공간을 아낌없이 모두 사용하겠다는 마음으로 무작정 쌓기 수납을 해버릴 수 있다.

특히 하부장 공간에는 부피가 큰 냄비류를 수납하는 경우가 많은데, 이때 무게가 많이 나가는 용기들을 대량으로 높이 쌓으면 사용할 때마다 짜증이 넘치는 것은 물론 손목에도 상당한 부담을 줄 수 있다. 아~ 손묵이야~! 🧠 그러니 현재 이곳에 선반이 없다면 제일 먼저 사이즈를 꼼꼼히 체크하고 선반을 골라 구매하자.

요즘은 하부장 선반 기성품이 많이 나와 있어 자신이 원하는 선반 스타일을 찾아 구매하거나, 싱크대 업체에 선반 제작을 문의해도 좋다. 이렇듯 좁은 주방의 경우 싱크대 속 기본 선반을 주어진 그대로 사용해 수납하기보다는 선반에 선반을 더하는 방법을 꼭 활용해 보기를 추천한다. 좁은 공간이라도 그 공간을 어떻게 활용하느냐에 따라 수납의 공간은 버려질 수도, 반대로 2~3배까지도 늘려 사용할 수 있다는 것을 기억하자!

하부장 선반은 싱크대 사이즈에 맞춰 제작도 가능하고 다이소, 모던하우스, 인터넷 쇼핑몰 등에서 기성품을 구매해도 OK!

✱ 하부장 선반 수납 요령

무거운 용기들은 선반의 아래쪽으로, 부피가 작거나 가벼운 용기들은 위쪽으로 수납하면 시각적인 복잡함이 해소되고, 선반에도 무리가 가지 않으니 용기에 따라 수납 위치를 체크하며 정리해 보자.

✱ 싱크대 속 다양한 선반의 활용

시중에는 다양한 스타일의 선반이 많이 판매되고 있는데, 특히 싱크대 공간과 상황에 따라 사이즈를 조절할 수 있는 선반은 적극 추천.

또한 접시 선반으로 판매되고 있는 제품들은 접시가 아닌 다른 주방용품 수납에도 유용하게 사용할 수 있기 때문에 접시만 수납한다는 편견을 버리고 자그마한 주방용품들을 위아래로 넣어 부족한 공간에 도움을 받자.

# 수납 공간은 만들기 나름! 틈새 공간을 찾아라

앞에서는 다양한 선반을 활용해 수납하는 방법을 알아봤다면, 이번에는 그런 선반조차 놓을 수 없는 곳에
수납 공간을 만드는 방법을 체크해 보자. 잊지 말자, 수납 공간은 만들기 나름!
아무리 좁은 곳이라도 이리저리 훑어보면 분명 사용할 수 있는 공간이 보이게 된다. 이번에는 그곳을 공략해 보자.

✷ **네트망에 활용할 걸이형 후크,
　구매 전 체크 포인트**

너무 짧은 후크를 사용하면 싱크대 디자
인에 따라 싱크대 문이 닫히지 않는 경우
가 생기기 때문에 후크 구매 전, 안쪽으로
설치될 후크의 길이가 싱크대의 문 닫힘
에 방해가 되는지 체크하자. 만약 미리 확
인하지 못하고 구입하러 나섰다면, 되도
록 긴 형태의 후크를 선택하자.

## ❶ 싱크대 문 안쪽에 네트망 걸기

싱크대 문 안쪽 공간. 아무것도 비치되어 있지 않은 이곳에 네트망을 활
용하면 아주 유용한 수납 공간을 만들 수가 있다. 바로 네트망을 구부려
사용하는 것! 간단하게 네트망에 네트망 전용 바구니를 걸쳐 수납 공간
을 만드는 방법도 있지만, 시중에 판매되고 있는 네트망 바구니의 경우
높이가 정해져 있기 때문에 수납할 수 있는 물건에 한계가 있을 수 있다.

그러니 이번에는 네트망을 구부려 사용해 보자. 이 방법은 수납할 물
건의 높이에 맞게 'ㄷ'자 형태로 네트망을 구부려 수납 공간을 만들기 때
문에 더 다양한 높이의 물건을 자유롭게 수납할 수 있고, 바구니를 걸었
을 때보다 훨씬 더 깔끔한 공간이 완성된다.

이 공간에는 쟁반, 호일, 랩 등 세로로 세워두기 좋은 주방용품을, 네
트망 위쪽으로는 우유 팩과 같은 재활용 통을 걸어주면 봉지 집게, 오프
너 등의 자그마한 용품들도 함께 수납할 수 있다. 하지만 하중이 큰 나무
도마 같은 용품은 경첩에 무리를 줄 수 있으므로 수납하지 않는 것이 좋다.

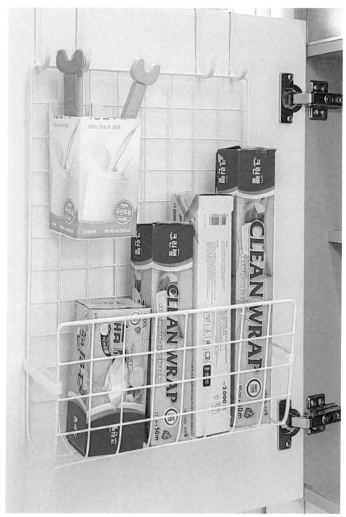

수납할 물건의 길이에 맞게 네트망을 구부려 걸이형 후크로 걸어주면 버려질 수 있는 싱크대 문 안쪽에 새로운 수납 공간이 탄생한다. 세로로 수납하기 좋은 주방용품은 모두 이곳으로 모여!

## ✱ 네트망 수납함 만들기

① 수납할 물건들의 사이즈에 맞게 네트망에서 구부릴 부분을 체크하자. 체크해 놓은 길이에 맞춰 네트망을 'ㄷ'자 모양으로 구부린다. 네트망을 구부릴 때는 싱크대나 테이블 등의 모서리를 활용하면 손으로도 쉽게 접을 수 있다.

② 수납할 물건에 맞게 네트망을 구부렸다면 수납한 물건이 옆으로 떨어지지 않도록 양옆의 오픈된 공간을 롤 형태의 양면 벨크로 테이프로 연결한다. 케이블 타이나 리본 끈을 활용해도 OK!

③ 후크를 사용해 문 안쪽에 걸어 주면 끝! 이때 견딜 수 있는 하중이 약한 스티커형 후크보다는 안정감 있는 걸이형 후크를 사용하는 것이 좋다.

🛒 구매처 다이소, 이케아, 인터넷 쇼핑몰

네트망, 문걸이행거(릴롱엔), 싱크대 도어행거 🔍

## ❷ 싱크대 상부장 밑에 수건걸이 부착하기

싱크대 상부장 아래 공간 역시 비워 두지 말고 수납 공간을 만들어보자. 준비물은 수건걸이 하나면 끝! 냄비 뚜껑 수납에 훌륭한 역할을 해주었던 이 수건걸이(26쪽 참고)는 싱크대 상부장 밑 공간에서도 아주 쏠쏠한 수납 역할을 한다. 먼저 수건걸이 2개를 싱크대 상부장 아래에 가로로 나란히 설치하자. 수건걸이의 간격은 수납하려는 용품들의 높이에 맞춰 조절해 설치해 주면 된다. 이때 수건걸이는 스티커형이 아닌 나사나 못 등을 이용해 단단하게 고정시킬 수 있는 제품으로 고르자.

　이 공간에는 쟁반, 테이블 매트, 얇은 도마 등 낮은 틈새에 보관하기 쉬운 용품들을 놓거나 쟁반을 트레이처럼 활용해 냄비 받침이나 넓적하고 자그마한 물건들을 함께 보관해도 좋다. 낮은 높이의 수건걸이는 좁은 주방에 오픈된 형태로 설치를 해도 주변 인테리어에 큰 방해가 되지 않기 때문에 넓적한 주방용품들의 보관이 마땅치 않을 때는 이 방법을 활용해 부족한 수납 공간을 추가하자.

싱크대 상부장 밑에 수건걸이 2개를 가로로 나란히 설치하자.

쟁반, 테이블 매트, 얇은 도마 등 낮고 넓적한 주방용품 보관에 딱!

### ❸ 틈새에 부착식 서랍 달기

요즘은 공간 활용 수납 용품들이 아주 다양하게 나오는데, 그중 하나가
바로 부착식 서랍! 부착식 서랍은 위쪽이 스티커 형태로 되어 있어 버려
질 수 있는 틈새 공간에 쉽고 간편하게 사용할 수 있고, 대, 중, 소의 다
양한 사이즈와 디자인이 판매되고 있어 공간과 스타일에 따라 원하는
종류를 선택해서 구매하면 된다.

버려질 수 있는 틈새 공간에 부착식 서랍을
설치해 활용해 보자.

　유리컵이나 빨대컵 등의 수납 공간에는 빨대나 머들러를, 맥주잔이
나 와인잔 등의 수납 공간에는 오프너나 작은 와인 마개를 두는 등 자주
어울려 사용하는 도구 가까이 부착식 서랍을 설치해 수납하자. 틈새를
활용한 부착식 서랍 수납은 자그마한 물건에게도 각각의 자리를 만들어
주는 것은 물론 효율적인 정리 체계로 '그게 어디 있지?'하고 물건을 찾
아 헤매는 시간을 줄여준다. 아싸! 찾았다! 뿅따개! 

빨대, 머들러, 오프너 등 동선과 연관된 작은
용품들 수납에 사용하면 좋다.

　식탁 아래 공간에 부착식 서랍을 부착해 작은 포크나 티스푼 등을 보
관해도 굿! 대신 서랍 구매 시, 제한 하중을 체크해 그에 맞게 수납하여
물건과 서랍이 떨어지는 일이 없도록 주의하자. 접착 형태이기 때문에
설치하는 곳의 재질에 따라 스티커 성능이 떨어질 수도 있으니 재질 또
한 꼭 확인하는 것이 좋다.

부착식 서랍을 식탁 아래 부착해 작은 포크나
티스푼 등을 보관해도 Good!

🛒 구매처 다이소, 인터넷 쇼핑몰

| 부착식 서랍 | 🔍 |

냉장고 수납장에 선반이 없을 때는 압축 선반을
활용해 보자.

🛒 구매처 인터넷 쇼핑몰

| 압축 선반 | 🔍 |
|---|---|

## ❹ 냉장고 위 수납장에 압축 선반 설치하기

중간 선반 없이 전체가 하나의 공간으로 되어 있는 냉장고 위 수납장은
자칫하면 순식간에 창고처럼 정신없는 공간이 돼버린다. *아~ 울라! 대충 던
져 넣자!* 🧠 그래서 냉장고 수납장에 쌓아 올려 둔 물건들은 넣고 빼는
과정도 쉽지 않고 종류별 분류도 제대로 되지 않아 필요한 물건을 다시
찾아 사용하기 어렵다.

　중간 선반이 없는 냉장고 수납장 같은 곳에는 압축 선반을 활용하자.
압축 선반은 선반이 없는 공간에 간단하게 새로운 선반을 만들어 주고,
그때그때 물건들의 높이에 따라 선반의 높낮이를 조절하여 설치할 수
있기 때문에 물건 위에 물건을 쌓아 올리는 불편한 수납을 피할 수 있다.
그리고 필요한 물건들을 한눈에 바로 볼 수 있는 보다 체계적인 수납도
가능하다. *깔끔! 깔끔! 완전 조으다~* 😊

🛒 구매처 다이소, 창신리빙

| 칸막이 정리함, 트레이, 정리 바스켓 | 🔍 |
|---|---|

물건의 높이에 맞춰 압축 선반을 설치, 수납하면 많은 물건을 한눈에 확인할 수
있고 사용도 편하다.

높은 곳에 위치한 냉장고 수납장에는 트레이를 활용해 분류도 사용도 쉽게,
편하게 만들어주는 것이 좋다.

선반 아래의 물건 사용이 불편하지 않도록 냉장고 수납장 깊이보다 조금 더
짧은 압축 선반을 선택하자.

## 이것만 치워도 주방은 넓어진다

좁은 주방은 '불필요한 것을 덜어내는 정리'와 '효율적인 수납'을 동시에 잘 해야 더욱 넓고 깨끗한 공간으로 거듭날 수 있다. 만약 좁은 주방 때문에 불편을 느끼고 있다면 지금 바로 주방을 쓰윽 훑어보자. 조금 덜어 주거나 수납 위치를 살짝 바꾸기만 해도 주방의 분위기가 완전히 달라짐을 느낄 수 있을 것이다.

### ❶ 싱크대 위 식기건조대 없애기

주방에서 빠지지 않고 볼 수 있는 용품, 식기건조대. 우리는 주방 살림을 장만할 때면 꼭 이 식기건조대를 구매 리스트에 포함시킨다. 그러고는 주방의 크기에 상관없이 식기건조대를 필수용품처럼 비치해 놓고, '아~ 이제 주방이 제대로 다 갖추어졌구나'하고 안심한다.

왜 그런 것일까?

아마도 어릴 적부터 엄마의 주방에 늘 자리하고 있던 식기건조대의 익숙한 풍경이 '식기건조대는 꼭 필요한 하나의 주방 필수템'이라고 인식하게 되어 '주방=식기건조대'라는 하나의 공식처럼 당연하게 느끼게 된 것일지도 모른다.

하지만 좁은 주방에 자리 잡은 식기건조대는 공간을 비효율적으로 잡아먹는 큰 짐이 될 수 있다. 주방이 작다면 당연히 싱크대 상판의 공간도 여유롭지 못할 것이다. 그런데 그 좁은 상판 위에 식기건조대까지 떡~ 하니 자리를 차지하고 있다면 안 그래도 좁은 싱크대 위의 공간은 더욱더 활용도가 떨어진다.

거기에 식기건조대 위로 가득 쌓인 그릇까지! 보통 식기건조대에 그릇들이 한번 놓이게 되면 이 그릇들은 그다음 식사 시간까지, 혹은 하루

**✻ 미니 컵 건조대 구매 요령**

싱크대 상판과 똑같거나 비슷한 색상을 선택하면 시각적으로도 깔끔한 느낌을 줄 수 있다. 아~ 곤충들의 보호색 같은 거구나! 그러니 미니 컵 건조대는 너무 튀는 색이 아닌 최대한 상판과 어우러질 수 있는 색상을 선택하자.

개수대 근처에 미니 컵 건조대를 준비하자.

미니 컵 건조대는 작은 그릇류와 컵 건조에 사용한다.

🛒 구매처 다이소, 인터넷 쇼핑몰

| 미니 컵 건조대 | 🔍 |
| --- | --- |

종일 그대로 방치되어 있을 때가 많다. 결국 식기건조대가 아닌 식기 수납함으로 변해 좁은 주방 공간은 시각적으로도 복잡한 상태가 되고 만다. 아~ 뭐지? 왜 이리 복잡해 보여! 😵

간혹 싱크대 상부장 아래에 식기건조대를 공중 부양 형태로 설치하는 경우도 있다. 이 방법은 싱크대 상판 공간을 살릴 수 있을지는 몰라도, 좁은 주방 공간을 시각적으로 더 좁고 복잡하게 만들기 때문에 주의해야 한다.

좁은 공간에서는 물건의 자리를 만들어 수납하는 것도 중요하지만, 공간을 조금 더 깨끗하고 넓어 보이게 하는 시각적인 효과 또한 신경 써야 한다는 것을 잊지 말자.

그러니 우선 '내 주방은 좁다'라는 생각이 든다면 지금 바로 식기건조대부터 치워라! 건조대만 사라져도 사용할 수 있는 공간이 확실히 넓어지는 것은 물론, 어딘가 꽉 막혀 보이던 싱크대와 주방 공간이 시각적으로도 훨씬 더 시원해 보일 것이다.

**How to 1 식기건조대 없이 그릇 건조하기**

'식기건조대 없이 그 많은 그릇을 어디서, 어떻게 건조하지?' 너무 걱정하지 않아도 괜찮다. 언제나 해결 방법은 있으니까! 싱크 바구니를 활용해 보자. 싱크볼 안에 비치되어 있는 이 싱크 바구니가 바로 우리 집 식기건조대가 되는 것이다.

'과연 가능할까?' '물론 충분히 가능하다!' 대신 컵이나 작은 그릇들을 건조하기 좋은 미니 컵 건조대 하나 정도 개수대 가까이에 두면 공간을 많이 차지하지 않으면서도 유용하게 사용하기 좋다.

### How to 2  싱크 바구니 활용하기

싱크 바구니를 식기건조대로 사용할 때는 설거지를 한 다음 큰 그릇류는 싱크 바구니에, 작은 그릇류와 컵들은 미니 컵 건조대를 활용한다. 이때 싱크 바구니 그릇들 안쪽으로 물이 튀지 않도록 그릇 바닥이 바깥쪽을 향하도록 놓자.

숟가락, 젓가락 등의 커트러리는 미니 컵 건조대를 이용하거나 식기건조대용 수저 통을 별도로 구매해 싱크 바구니 옆에 꽂아도 좋다.

이렇게 싱크 바구니를 식기건조용으로 활용할 경우 아무래도 물이 튈수 있기 때문에 귀찮더라도 뽀드득 잘 건조된 그릇들은 바로바로 제자리에 정리해야 한다. 이는 식기건조대처럼 그릇들을 하염없이 방치해 주방을 복잡하게 만드는 일을 예방할 뿐 아니라 평소 그릇들을 바로바로 정리하는 습관까지 만들어준다.

### How to 3  싱크 바구니 그릇 건조 시 물 사용은 이렇게!

싱크 바구니에 그릇을 건조할 때 물을 급히 사용해야 한다면? 이럴 때 필요한 게 바로 꼼수!

먼저 싱크 수전의 물줄기를 스프레이가 아닌 일자로 쭉− 떨어지는 직수 형태로 바꾸어 사용하자. 그리고 수전 헤드를 싱크 바구니와 가장 먼곳으로 이동시켜 물을 사용하면 놀라울 정도로 물방울이 그릇 쪽으로 거의 튀지 않는다. '에이~ 설마!'라는 생각이 든다면 직접 한번 해보자. *오호! 신기~ 신기~!*

물론 이런 때에는 물 사용을 평소보다 조심스럽게 해주는 것이 좋지만, 물줄기의 스타일과 수전 위치만 살짝 조정해도 물방울이 튀는 정도가 극소량으로 줄어들기 때문에 그릇 건조에는 전혀 이상 무! 큰 스트레스 없이 물을 사용할 수 있다. *약간 튄 물방울들은 행주로 쓱싹~!*

좁은 공간이라 해도 그 공간에 맞게 살림을 하다 보면, 나만의 꼼수들

---

### ✱ 식기건조대용 수저통 활용법

식기건조대용 수저 통의 경우 세트로 구매한 제품이 아니기에 기존 싱크 바구니에 수저 통을 걸쳐 놓으면 조금 헐렁할 수도 있다. 이럴 때는 펜치를 이용해 수저 통의 걸치는 부분을 살짝 더 조이면 보다 안정감 있게 사용할 수 있다.

좁은 주방에서는 식기건조대가 아닌 싱크 바구니를 활용하자.

큰 그릇류는 싱크 바구니에서 건조한다.

🛒 구매처 모던하우스

| 식기건조대 수저통 | 🔍 |
| --- | --- |

싱크 바구니에 그릇 건조 시 물줄기가 일자로 떨어지는 직수형태로 바꿔 싱크 바구니와 최대한 먼 곳으로 수전 헤드를 이동시켜 사용하자.

**\* 식탁 끝에 물건이 자꾸 쌓인다면?**

식탁을 벽에서 살짝 떼어보자. 식탁 끝으로 물건이 쌓이는 것을 어느 정도 방지할 수 있다.

이 생기고 이런 사소한 꼼수들은 매일 똑같은 살림을 해야 하는 나의 일상에 소소한 즐거움이 되기도 한다. 아~ 기특해~!

## ❷ 식탁 위 불필요한 물건 치우기

주방 공간을 복잡하게 만드는 또 다른 주범, 식탁! 주방에 식탁을 두고 사용하고 있는 가정을 보면 식탁 위가 깔끔하게 정리되어 있는 경우가 드물다. 지금 나의 식탁 위에는 무엇이 놓여 있을까?

열쇠 꾸러미, 볼펜 무더기, 약봉지, 리모컨, 머리끈, 우편물, 아침에 입 닦고 버린 휴지 조각 등 식탁 위에는 없는 게 없을 정도로 아주 다양한 물건들이 골고루 쌓여 있을 때가 많다. 앗! 찔려!

가족 모두 예쁘게 둘러앉아 식사를 하기 위해 구입했던 식탁은 어느 순간 우리 집 골칫거리가 되고, 식탁 위에 놓인 물건들로 인해 좁은 주방이 더욱 좁고 복잡해 보이게 된다. 주방이라는 공간은 우리 가족이 아닌 우리 집을 방문하는 손님들에게도 가장 많이 오픈되는 곳 중 하나라는 걸 기억하자. 이런 공간들만 잘 정돈되어 있어도 전체적인 집 안 분위기가 달라지고 따로 청소를 하지 않아도 왠지 청소한 듯한 아주 깔끔한 인상까지 남길 수 있다.

'수납도 인테리어'라는 말 기억하는가! 큰돈과 힘을 들이지 않고 깔끔하게 완성된 수납 자체만으로도 그 공간은 빛이 난다. '수납'은 자칫 지저분하고 복잡해 보일 수 있는 공간을 조금은 더 넓고 깨끗하게 보이게 하는 시각적인 효과까지 주는 아주 훌륭한 인테리어 방법이다. 그러니 제발 식탁 위의 잡동사니부터 치우자! 그리고 식탁 위에 불필요한 물건들이 보일 때는 그 즉시 제자리에 정리하자. 기억하자! '이따가'는 '나중에'를 만들고, '나중에'는 '언젠가'를 만들며, '언젠가'는 내가 사는 이 집의

좁은 주방을 조금 더 넓고 깨끗한 공간으로 바꾸고 싶다면 식탁 위에 물건들이 쌓이지 않게 바로바로 정리하는 습관과 관리가 필요하다.
식탁은 수납함과 창고가 아니다. 제발 식탁은 식탁답게! 식탁으로써 잘 사용하자.

주인이 내가 아닌 물건들로 바뀌어 버릴 수 있다는 것을. 제발! 식탁은 식탁답게! 식탁으로써! 사용해 주면 좋겠다. 플리~즈!! 🪨

### How to 1 **식탁 위 자리 만들기**

식탁 위에 꼭 올려야 하는 물건들은 어떻게 수납하면 좋을까? 그럴 때는 물건을 식탁 위 아무 곳에나 툭툭 던지지 말고, 적절한 공간을 만들어 정리하자.

먼저 식탁 위에 놓여 있는 티슈! 이 티슈를 꼭 위에서 뽑아야 할 필요가 있을까? 먼저 티슈를 옆으로 눕히고 접시 선반이나 언더 선반, 다용도 선반 등을 그 위에 놓으면 티슈 위쪽으로 새로운 수납 공간이 탄생한다. 언빌리버블~! 🪨

이곳에 바구니를 올리고 이쑤시개 등 식사 후 바로 사용하면 편리한 용품들 몇 가지를 보관해 보자. 그리고 소금, 후추와 같이 식사 때 자주 찾는 양념류나 컵 등을 올려도 편리하다. 이때 티슈 상자 옆면에 양면테이프를 살짝 붙여 고정하면 움직임 없이 편하게 사용할 수 있다.

### How to 2 **떠도는 물건들의 자리 찾아주기**

여기저기 흩어져 있는 식탁 위 물건들은 대부분이 제대로 된 자리가 없는 경우가 많기 때문에 이럴 때는 각각의 자리를 만들어 수납하는 것이 좋다. 이렇게 제자리 수납을 하면 물건이 필요할 때 찾기 쉽고, 주변 공간도 깨끗하게 유지할 수 있다.

앞으로는 식탁 위에 불필요한 물건들이 더 이상 놓이지 않도록 깨끗하게 정리해 보자. 그리고 집 안 이곳저곳을 돌아다니며 '여기 있나? 저기 있나?' 물건 찾아 삼만리를 하는 일이 없도록 식탁 위뿐 아니라 흐트러진 물건들이 있다면 각각의 자리를 만들어 바로 정리를 시작하자.

① 볼펜을 자주 사용하는 장소가 있다면 전선 클립을 벽에 붙여 볼펜꽂

티슈를 옆으로 눕히고 그 위에 접시 선반이나 언더 선반 등을 놓자.

티슈 상자 옆면에 양면테이프를 붙이면 티슈를 뽑을 때 움직임 없이 사용할 수 있다.

식사 후 자주 찾는 용품들을 선반 위 바구니에 수납하면 편리하다.

식사 후 사용할 커피잔을 놓아두면 인테리어 소품의 역할도 해준다.

찻잔이나 유리컵 등을 놓아두면 식사 동선이 편리하다.

소금, 후추, 통조림이나 식사 때 필요한 양념을 올려도 OK!

## ✱ 스티커 자국 깔끔하게 없애기

벨크로 테이프, 전선 클립과 같은 스티커형 제품들을 붙였다 떼면 끈적이는 스티커 자국이 그대로 남아 있을 때가 있다. 이때는 끈적이는 부분에 식용유를 살짝 발라 닦아주고, 심한 끈적임의 경우 식용유를 발라 한참 방치해 놓은 후에 닦아보자. 신기하게도 스티커의 끈적이는 부분이 아주 손쉽게 제거된다.

이로 활용해 보자. 메모가 필요할 때 바로 사용할 수 있어 편리하고 정리 역시 바로 이뤄진다. 전선 클립은 욕실 칫솔꽂이, 명함꽂이 등 상황에 따라 다양하게 활용할 수 있다.

② 리모컨은 TV 옆이나 자주 사용하는 곳 근처에 벨크로 테이프, 일명 찍찍이로 붙여보자. 동네마다 하나쯤 있는 종합생활용품 매장이나 다이소 등에서 스티커형 벨크로 테이프를 쉽게 구입할 수 있다.

③ 우편물 역시 현관 앞이나 집 안 한쪽 공간에 보관함을 만들어 여기저기 돌아다니지 않게 하자.

④ 식탁 위에 자주 올려놓게 되는 약봉지들은 주방 서랍이나 거실 서랍 등 한곳에 자리를 정해 가족들도 바로 인지할 수 있도록 약 전용 지정석을 만들어주는 것이 좋다.

☑ 우편물 보관함 만드는 법 보러 가기 (198쪽)

볼펜을 자주 사용하는 곳에 전선 클립을 활용해 볼펜 자리를 만들자.

리모컨은 벨크로 테이프를 붙여 TV, 소파 주위에 두자. 매번 리모컨 찾는 번거로움이 줄어든다.

현관문이나 집 안 한쪽에 우편물 보관함을 만들어 공과금 안내서나 중요한 우편 등을 깔끔하게 보관하자.

서랍 한 칸을 비워 약 전용 지정석을 만들자. 약 봉투와 작은 사이즈의 약통을 한곳에 보관하면 필요한 약을 찾기도 쉽고 공간도 깔끔해진다.

## 비닐봉지, 지퍼백은 어디 갔을까?

위생 봉지, 지퍼백, 종량제 봉투, 일반 비닐봉지… 주방 살림에는 다양한 소재와 크기의 비닐봉지가 자주 필요하기 때문에 이 많은 비닐들을 수납해 놓을 수 있는 수납 공간 또한 꼭 필요하다. 다양한 크기의 비닐봉지는 자칫하면 수납 공간을 많이 차지하거나 시각적으로도 너저분한 공간이 될 수 있기 때문에 체계를 만들어 깔끔하게 관리하는 것이 좋다. 이때 시중에 있는 비닐 전용 케이스가 아닌, 집 안에 있는 물건을 활용해 수납해 보자.

### ❶ 지퍼백, 종량제 봉투는 투명 L자 파일에

상자에 담긴 지퍼백부터 체크해 보자. 이런 제품들은 보통 대, 중, 소 사이즈별로 구비하는 경우가 대부분이기 때문에 부피를 많이 차지하게 된다. 또한 상자 위에 상자를 쌓는 방식으로 수납을 하게 되어 사용도 번거롭다. 그렇다면 어떻게 해야 수납 공간을 조금 더 활용하면서 사용은 쉽고 편하게 만들 수 있을까?

지금 바로 서재나 아이들 방으로 달려가 보자. 레츠고! 꼬! 굴러다니는 L자 파일이 있는지 체크! 체크! L자 파일을 활용해 지퍼백을 수납해 보자.

L자 파일은 불투명한 제품보다는 내용물을 바로 확인할 수 있는 투명 파일이 좋다. 수납할 때는 대, 중, 소 크기별로 분류해 정리하면 찾기도, 사용하기도 쉽고 지퍼백 상자들이 차지하던 공간까지도 절약할 수 있어 훨씬 더 여유로워진다. 오! 넓어졌다!

이때 지퍼백을 한쪽 방향으로만 넣으면 지퍼가 모여 있는 부분만 두꺼워지기 때문에, 반으로 나누어 지퍼를 양방향으로 담는 것이 좋다. 그리고 보관 시 한쪽 틈새에 세워 공간을 절약할 수 있는 틈새 수납으로 자리를 배치하고 서랍의 높이와 파일의 높이가 서로 맞지 않을 때는 파일을 서랍 높이에 맞춰 잘라내면 된다. 만약 L자 파일을 지지할 물건들이 없다면 파일 끝 쪽에 북엔드를 꽂아 쓰러짐을 방지하자.

종량제 봉투 역시 L자 파일에 보관하는 것이 좋고, 육수 주머니, 위생 장갑 등 은근히 공간을 많이 차지하거나 지저분하게 보이는 자잘한 물건들도 L자 파일을 활용해 수납하면 깔끔하고 편하다.

이런 L자 파일 수납은 좁거나 복잡한 공간을 조금 더 여유 있는 수납 공간으로 만들어줌과 동시에 사용과 관리에 있어서도 편리하니 꼭 생활에 적용해 보길 바란다.

그럼 책장 한쪽에 묵혀 둔 L자 파일들을 주방 수납에 활용해 사용은 쉽게! 관리는 편하게! 공간은 깔끔하게! 만들어보자.

## ▌종량제 봉투 보관 요령

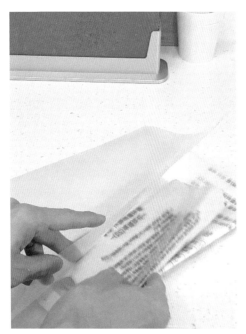

가정에서 꼭 필요한 종량제 봉투는 L자 파일에 담아

지퍼백과 함께 틈새 보관으로 깔끔하고 간단하게 수납하자.

육수 주머니, 위생 장갑 등 작지만 수납 공간이 필요한 물건들을 보관하는데 활용해도 좋다.

## 지퍼백 보관 요령

사용하지 않는 L자 파일을 준비하자.

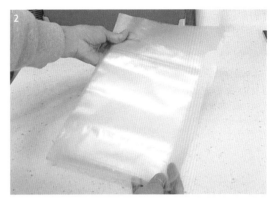

지퍼백을 대, 중, 소 크기별로 분류해 넣기.

두께가 한쪽만 두꺼워지지 않도록 지퍼 부분을 양방향으로 나누어 넣는 것이 포인트.

L자 파일을 틈새에 세워 정리하면 수납도 깔끔! 공간까지 절약!

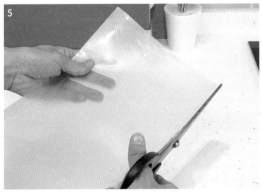

서랍과 L자 파일의 높이가 다르면 파일을 서랍 높이에 맞게 잘라 사용하자.

L자 파일을 지지해 줄 물건이 없을 때는 북엔드로 쓰러짐을 방지한다.

상자형 위생 봉지는 상자 그대로 수납하되
사이즈별로 쉽게 뽑아 쓸 수 있도록 상자 위로
다른 물건들이 쌓이지 않게 관리하자.

## ❷ 위생 봉지는 상자 그대로

상자형 위생 봉지는 재질이 얇아 L자 파일에 수납하면 사용이 불편할 수 있어 기존 상자 그대로 수납하는 것이 좋다. 만약 조금 더 수월한 방법으로 사용하고 싶다면, 위생 봉지 상자들이 크기별로 수납될 수 있도록 각각의 자리를 만들고 상자 위에 다른 물건들이 쌓이지 않도록 관리하자.

☑ 롤 형태의 위생 봉지 수납 보러 가기 (178쪽)

## ❸ 위생 봉지 재사용을 위한 보관법

한 번 쓰고 버리기 너무 아까운 멀쩡한 위생 봉지들. 어떻게 수납해 볼까? 이럴 때는 캡형 물티슈 포장지를 활용하자.

재사용할 위생 봉지들을 물티슈 포장지에 넣어 보관하면 끝! 위생 봉지를 넣고 빼기 수월하도록 물티슈의 뚜껑 안쪽 비닐을 가위나 칼로 잘라 입구가 조금 더 넓어질 수 있도록 만들면 좋다.

물티슈 포장지를 활용한 수납은 공간을 깔끔하게 만들고 사용도 수월하다. 이때 크기별로 구분해 수납하면 원하는 크기의 비닐을 한 번에 쉽게 찾을 수 있어 주방 살림이 더 편해진다.

## ▌ 위생 봉지 보관 요령

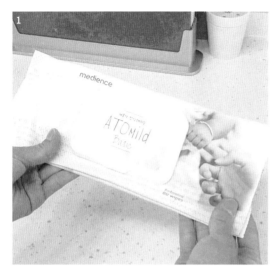

재사용할 위생 봉지 보관은 다 쓴 물티슈 포장지를 활용하자.

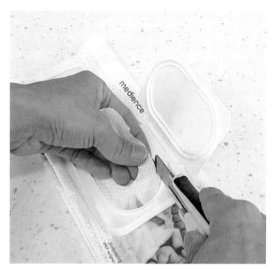

사용하기 편하도록 물티슈 뚜껑 안쪽 비닐을 자른다.

재사용할 위생 봉지를 넣고 물티슈 뚜껑을 닫아 보관하면 끝!

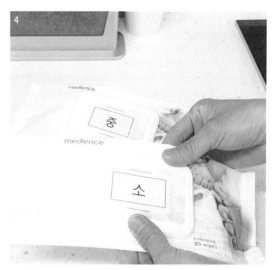

봉지를 사이즈별로 구분해 넣어두면 사용이 더 편리하다.

## ❹ 다시 쓸 수 있는 비닐봉지는 지퍼 파일에 쏙~

요즘은 사람들의 인식이 많이 바뀌어 비닐봉지 사용이 예전에 비해 많이 줄어든 추세이다. 하지만 여전히 일상 곳곳에서 비닐봉지의 사용이 빈번한 만큼 밖에서 받은 비닐봉지가 있다면 이 또한 수납 공간을 따로 마련해 언제든 재사용할 수 있는 환경을 만드는 것이 좋다.

하지만 모아둔 비닐을 대충 접어놓으면 공간이 지저분해지고, 한 장 한 장 접으려니 번거롭고… 이런 고민들 때문에 정리는 어느 순간 짜증으로 바뀌고, 수납이 스트레스로 다가오게 된다. 아~ 다 버려 버릴까?

그렇다고 충분히 다시 사용할 수 있는 비닐봉지들을 그냥 쓰레기통에 던져 버릴 수는 없는 일! 비닐봉지를 깔끔하고 편리하게 보관하고 싶다면, 지퍼 파일에 주목하자. 지퍼 파일을 활용하면 비닐봉지를 굳이 하나씩 접지 않고 아무렇게나 담아 지퍼만 잠가줘도 깔끔하게 보관이 가능하다. 또한 지퍼 파일 자체가 탄성이 있는 소재이기 때문에 많은 양의 비닐봉지를 수납하기에도 좋다. 오! 많이 담아도 끄떡없구먼~

그리고 위쪽 지퍼만 열어도 비닐봉지를 넣고 뺄 수 있기 때문에 매번 번거롭게 전체 지퍼를 여닫지 않아도 되며, 보관 역시 주방 한쪽 공간에 지퍼 파일을 꽂아주기만 하면 끝! 지퍼 파일의 색상은 수납 시 깔끔한 느낌을 줄 수 있는 밝은 화이트 계열 또는 수납될 공간의 색감에 맞춰 선택하는 것이 좋다.

## ▌비닐봉지 보관 요령

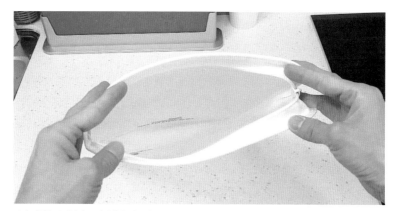

지퍼 파일을 비닐봉지 수납에 활용해 보자.

비닐봉지를 넣어 지퍼만 잠그면 초간단 비닐봉지 수납함 완성!

탄성이 있는 소재로 많은 양의 비닐봉지 수납에도 안성맞춤.

## 한눈에 쏙! 냉장고 수납과 유지 관리법

냉장고만 생각하면 어디서부터, 어떻게 손을 대고 또 어떤 방법으로 관리해야 할지 답을 찾지 못해
한숨부터 내쉬는 경우가 많다. 하지만 이 또한 수납의 방법과 습관을 통해 해결할 수 있고, 유지도 쉽게 이어갈 수 있다.
지금부터 냉장고 수납을 잘 유지하는 방법들을 살펴보며 내가 실천하고 있는, 혹은 놓치고 있는 부분이 무엇인지
체크해 보자. 실천하고 있다면 더욱더 꾸준히! 놓치고 있다면 다시 재정비해 냉장고 여는 일이 즐거움이 되도록 만들자.

### ❶ 냉장고의 각 칸 세분화하기

냉장고는 사용하기 편한 수납과 꾸준한 유지를 위해 가장 먼저 공간별
로 자리를 정하는 작업이 필요한데, 우선 재료 정리를 마친 다음 칸마다
재료들의 자리를 정하자.

이때 냉장고 자체적으로 재료별 자리가 이미 정해져 있다면 되도록
그 자리를 지켜 수납하고, 나머지 칸들은 임의로 자신의 살림 스타일에
따라 자리를 정하되 기본적으로 재료들을 조금 더 효율적으로 사용할
수 있는 자리를 기억해 두자.

① 냉장고 문을 열었을 때 눈과 손이 가장 먼저 닿는 가까운 거리의 칸은
평소 자주 꺼내는 반찬과 재료의 자리로 만든다.
② 어린 아이들이 있는 가정에서는 간식류를 아래쪽에 수납해 아이들
이 직접 쉽게 꺼낼 수 있는 환경을 만드는 것도 좋다.
③ 냉장고 문 쪽은 온도 변화에 민감하지 않은 재료들을 넣는 것이 좋기
때문에 냉장실은 물 또는 소스류 등을, 냉동실은 가루류나 견과류 등을
보관하면 좋다. 앗! 아이스크림 녹았다. 힝…

같은 냉장고라도 재료 특성에 따라, 또는 자신의 살림 스타일에 따라

위치를 정해 주면 식재료를 한눈에 파악하고 재료를 더 싱싱하게 보관

할 수 있어 식재료 구입비 절약에도 도움이 된다. 또한 자기 손에 잘 맞

는 수납이 가능해 꾸준하게 유지하고 효율적으로 사용할 수 있다.

## ▌냉장실

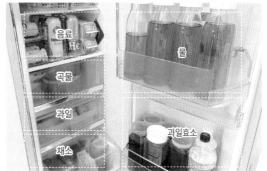

## ▌냉동실

## ❷ 자리 지키기

자리를 모두 정했다면, 그 자리에 다른 재료들이 수납되지 않도록 평소 식재료의 양과 냉장고 공간을 수시로 체크해 수납 유지에 신경 쓰자. 이제 유지는 오롯이 자기 자신의 몫! 유지라는 것은 방법을 알고 있어도 본인이 이어갈 의지가 없다면 너무나 쉽게 무너져 버릴 수 있기 때문에 혹시나 유지에 흔들리는 자신을 발견한다면 곧바로 이미지 트레이닝에 들어가자.

　잘 지켜낸 자리를 통해 냉장고를 열 때마다 느꼈던 뿌듯함과 편리함, 가족들의 표정 그리고 우리 집을 찾았던 손님들의 반응까지 생각해 보며, 정돈된 공간이 일순간 지나버린 과거의 일이 되지 않도록 주의하자. *와~ 대박! 너 참 살림 하는구나!*

　물론 중간에 잠시 흐트러질 수 있다. *헷 나 말한 건가?* 하지만 좌절하지 말자! 이미 기본 정리가 되어 있는 냉장고들은 조금만 손을 보면 금방 다시 원래의 자리로 돌아갈 수 있어 처음부터 다시 모든 재료를 꺼내 정리할 필요는 없다. 그러니 사용 중 흐트러지는 일이 생기면 못 본 척 미루지 말고 그 부분만 다시 잘 수납하자. 다음에 소개할 유지에 도움이 되는 방법을 함께 활용하면 자리 지키기는 분명 꾸준히 이어갈 수 있다. *그래! 그래! 해보자고! 아자!*

## ❸ 재료들의 입출입 차별하지 않기

자리 지키기를 조금 더 효율적으로 유지할 수 있는 방법은 없을까? 바로 '재료를 무작정 사서 쟁이지 않는 것!' 장을 볼 때 행사 제품들을 무턱대고 장바구니에 넣어 오는 경우가 많다. *아싸! 득템!*

하지만 이런 득템이 우리 집 냉장고에는 오히려 실템이 될 수 있다. 냉장고 안의 재료가 아직 문밖으로 나가지도 않은 상태에서 또 다른 재료가 들어와 그 자리를 덮쳐버리면 냉장고 내부를 복잡하고 정신없게 만드는 원인이 되고 수납의 유지까지 위협하게 된다.

그러니 장을 볼 때면 우리 집 냉장고 속 식재료부터 떠올리자. 그리고 냉장고에 있는 재료들로 요리하고, 그 재료들의 자리가 비었을 때 그제야 다른 재료를 채울 수 있도록 하자.

즉, 재료가 나가고 들어오는 순서에 차별을 두지 말라는 것. 재료들이 계속 들어만 오거나 계속 나가기만 하는 것도 문제가 될 수 있기 때문에 재료를 관리할 때는 항상 입출입이 차별되지 않도록 각 칸의 자리를 관리하는 것이 좋다.

이렇게 각 칸의 자리만 잘 지켜도 냉장고 유지의 선순환이 이뤄지고, 이는 냉장고 수납을 유지하는 데 있어 자신감과 즐거움을 더해 준다.


## ❹ 비닐봉지를 막아라!

자리를 잘 지킬 수 있게 돕는 또 하나의 방법은 내용물이 보이지 않는 정체불명의 비닐봉지들의 수납을 막는 것. 보통 냉장고는 검은 비닐봉지가 나타나기 시작하면서부터 수납이 무너지기 때문에 아무리 바쁘더라도 물건이 담긴 봉지 그대로 보관하지 말자.

장보기의 끝은 장바구니를 내려놓는 순간이 아니다. *아~ 할 일 모두 끝났네!* '재료를 냉장고에 제대로 수납하는 것'까지가 장보기의 끝이라는 것을 꼭 기억하고 구입해 온 직후 내용물이 잘 보이도록 냉장고 속 각각의 자리를 찾아 재료를 정리하자. *비닐봉지~ 빠이~~!*

냉장고 유지의 실패 원인 중 하나는 바로 비닐봉지 수납! 새로 사 온 재료들은 잘 보이도록 정리해 각각의 자리에 찾아 넣자.

생선은 한 번에 먹을 양만큼 소분하자.

반찬용 멸치는 한 번 요리할 분량으로 소분하여
보관하는 것이 좋다.

기본적으로 포장 자체가 사용하기 편한
제품들은 일일이 소분할 필요가 없다.

포장 그대로 보관하는 제품은 트레이 또는
서랍에 세로 수납으로 담으면 확인이 바로바로
가능하다.

## ❺ 소분해서 보관할 재료 vs. 그대로 보관할 재료

양이 많은 재료는 한 번 요리할 만큼 적당량 소분하여 보관하자. 냉장고
공간의 유지를 도와주는 것은 물론 요리하는데도 아주 편리하다.

하지만 굳이 소분이 필요 없는 재료들도 있다. 예를 들면 지퍼 형태의
포장이나 밀키트 형태의 재료 등 기본적으로 포장 자체가 사용하기 편
한 제품들은 일일이 소분할 필요가 없다. 단순히 깨끗하고 예쁘게 보관
하고 싶은 마음만으로 이런 제품들까지 모두 소분하는 것은 필요 없는
수고로움을 추가해 수납을 금방 지치게 하는 원인이 된다.

그러니 이런 제품들은 트레이를 활용하거나 서랍에 보관하되 포장마
다 잘 보일 수 있는 세로 수납을 활용하자. 정해진 자리를 지켜 세로 수
납만 잘해도 각 재료의 파악이 쉽고, 냉장고 사용 또한 편리하게 유지될
수 있는 환경이 되기 때문에 장을 본 다음에는 항상 소분할 재료와 그렇
지 않은 재료로 나누는 습관을 기르자. OK! 체크! 체크! 😊

## ❻ 납작한 사각 용기의 중요성

냉장고 용기의 경우 각자의 살림 스타일에 따라 다양한 선택을 하지만,
냉동실용 용기는 되도록 납작한 형태의 사각 용기를 고르자. 납작한 사
각 용기는 빈 공간을 최소한으로 줄이고, 적층으로 쌓을 때도 안정감이
있다. 또한 공간을 꽉 채우는 수납이 가능해 냉동실의 냉기 유지에도 큰
도움이 된다.

사각 용기는 세로로도 쉽게 세울 수 있어 재료와 공간에 따라 세로
로 수납하면 사용이 편리하고 유지에 도움이 되는 환경이 만들어진다.
오호! 책을 책꽂이에 꽂듯! 조아쓰~! 😊 용기나 뚜껑을 통해 내용물을 확인할

수 있는 스타일이 좋고, 색상이 있는 뚜껑의 경우 되도록 화이트와 같이
밝은 계열을 선택하면 냉장고 공간이 정돈되고 넓어 보이는 효과도 얻
을 수 있다.

구매처 실리쿡

납작 사각 용기

냉동실용 용기는 내용물을 쉽게 확인할 수 있는 납작한 사각 형태의 디자인이
좋다.

납작한 사각 용기는 세로로 세워 보관할 수 있어 사용과 유지가 편리하다.

냉장고 공간이 정돈되고 넓어 보이도록 용기 뚜껑은 밝은 계열로 선택하자.

수납 유지를 위해 재료마다의 자리를 정한 다음에는 다른 재료들이 수납되지
않도록 하자.

## ✱ 스티커는 이제 그만!

냉장고 용기를 사용하다 보면 라벨링이 필요한 경우가 있다. 보통 스티커를 활용하는 경우가 많은데, 스티커의 경우 매번 붙이고 떼기를 반복해야 하는 번거로움이 있다. 아~ 스티커 떼기 너무 짜증나!

이때 유용한 아이템이 바로 키친 마카! 키친 마카는 주방 전용 펜으로 물에 잘 지워지지 않지만 주방 세제를 이용하면 깔끔하게 지워져 물기가 많은 주방에서 사용하기 좋다.

자국이 남는 스티커 라벨링 대신 물에 지워지지 않는 주방 전용 펜 키친 마카를 사용하자.

🛒 구매처 인터넷 쇼핑

| 키친 마카 🔍 |
| --- |

## ❼ 트레이 적극 활용하기

냉장고에 용기를 수납할 때는 트레이를 적극 활용하자. 냉장고는 대부분 내부가 깊은 편이라 용기를 하나씩 따로 수납하는 것보다 재료에 따라 그때그때 트레이를 활용해 수납하면 재료를 넣고 빼는 과정이 훨씬 편리하다.

냉장고 깊이와 비슷한 길이의 냉장고 전용 트레이를 사용하면 일반적인 수납함이나 바구니보다 훨씬 더 깔끔하게 관리할 수 있고, 냉장고 깊은 안쪽 공간까지도 활용할 수 있어 평소보다 더 많은 재료를 수월하게 보관할 수 있다.

이때 트레이는 수납 용기의 재료를 바로 확인할 수 있는 투명한 트레이를 활용하고, 불투명한 트레이를 사용할 경우 담는 용기보다 조금 더 낮아야 재료 확인이 편리하다. 그리고 유통기한을 나눠야 하는 동일한 종류의 재료들은 무조건 트레이에 채우지 말고 유통기한이 빠른 재료들을 앞쪽으로 배치해 선입선출이 이뤄지도록 하자.

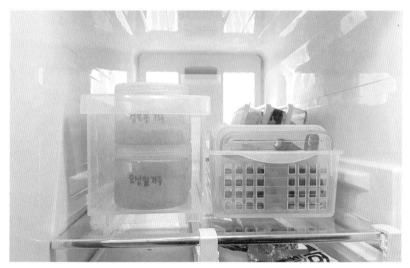

동일한 종류의 재료들은 유통기한을 기준으로 선입선출 보관이 되도록 관리하자.
유통기한이 짧은 건 앞으로, 길게 남은 건 뒤로!

냉장고 용기는 냉장고 전용 트레이를 활용해 보관하는 것이 좋고, 트레이를 고를 때는 내용물이 보이거나 수납할
용기보다 높이가 낮은 것으로 선택하자.

🛒 구매처 실리쿡, 창신리빙, 다이소

냉장고 트레이, 칸막이 정리함

# 좁은 냉장고 공간, 2배로 늘리는 법

좁은 냉장고 안 물건들이 한눈에 들어오지 않고 점점 더 답답하게 쌓여만 간다면? 결국은 냉장고 속 재료들을
대충 던져 놓는 '수포자의 수납'을 하게 된다. 하지만 냉장고 역시 싱크대 수납장처럼 주어진 칸을 그대로만 사용하지 말고
공간 활용에 도움을 주는 수납 용품을 적극 활용하자. 각 공간에 맞는 수납 용품은 재료를 훨씬 더 세부적으로
분류할 수 있어 '재료가 한눈에 잘 보이는 수납'이 가능하고 시각적으로도 깔끔하다.

✱ **용품 구매 전 꼭 체크해야 할 포인트**

틈새 공간을 위한 수납 용품은 되도록 색
상이 없는 투명한 제품으로 선택하자. 색
상이 있는 제품은 공간을 더욱 복잡하고
답답하게 만드는 반면, 색상이 없는 제품
은 좁은 냉장고 공간을 더 깔끔하고 시원
한 느낌으로 보이게 만들어 시각적인 부
담까지 덜어준다.

## ❶ 접시 선반 활용하기

접시 선반을 싱크대에서만 사용한다는 편견을 버리자. 접시 선반을 냉장
고에 수납하면 하나의 공간을 다른 형태의 두 공간처럼 사용할 수 있다.

접시 선반은 위아래로 나누는 수납이 가능해 공간을 더 효율적으로
사용할 수 있고, 높이가 낮고 작은 용기들은 접시 선반 위쪽에 수납하면
자칫 큰 용기들에 가려져 찾기 어려운 상황을 예방할 수 있다. 한눈에 잘 보
이는구먼~!

## ❷ 틈새 수납 케이스 & 레일 바스켓 활용하기

냉장고 위 공간을 알뜰하게 활용할 수 있는 또 하나의 수납 용품, '틈새
수납 케이스'와 '레일 바스켓'의 활용도 고려해 보자.

냉장고 한 칸 한 칸을 온전하게 사용하는 것도 좋지만, 쉽게 버려질 수
있는 위 공간과 틈새 공간을 활용할 수 있는 수납 용품들을 잘 사용하면
재료를 조금 더 효율적으로 수납하고 관리할 수 있다.

'틈새 수납 케이스'는 여기저기 흩어져 냉장고 환경을 지저분하게 만드

는 각종 배달 소스, 작게 포장된 식재료 등을 깔끔하게 보관할 수 있다.

'레일 바스켓'은 달걀 한 판을 그대로 수납할 수 있어 달걀을 한 알 한 알 일일이 정리하는 번거로움도 피할 수 있다. 오! 아주 간편하군! 😊

각종 식재료를 분리하여 보관할 수 있는 것은 물론 크기 또한 다양해 냉장실이든 냉동실이든 보관하려는 공간과 재료의 크기에 따라 유용하게 활용할 수 있는 꿀템이다.

🛒 구매처 다이소, 실리쿡

틈새 수납 케이스, 레일 바스켓

접시 선반을 활용해 냉장고 공간을 더 효율적으로 사용하자.

접시 선반 사용 시 하나의 공간을 두 공간처럼 나누어 수납할 수 있고 작고 낮은 용기들을 한눈에 빠르게 찾을 수 있다.

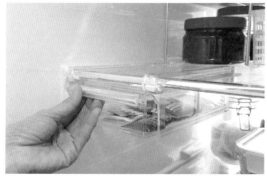

냉장고 위 공간에 틈새 수납 케이스를 달아서 배달 소스, 작은 식재료 등을 보관하자.

달걀 한 판을 그대로 넣을 수 있는 레일 바스켓은 냉장고 위 공간을 100% 활용할 수 있게 해준다.

## ✱ 서랍형 틈새 수납 케이스 설치 요령

위쪽 틈새 공간 수납에 유용한 '서랍형 틈
새 수납 케이스'. 서랍 형식의 틈새 선반은
케이스의 다리 부분이 냉장고 선반에 움
직이지 않도록 고정되지 않아, 서랍을 열
때 한 손은 케이스, 또 다른 한 손은 서랍
을 잡고 사용해야 하는 번거로움이 있다.
아~ 이 부분만 조금 더 개선됐으면~ 😖
이처럼 틈새 수납 제품들의 고정이 불편
하다면 폼보드를 활용해 지지대를 만들어
사용하자. 정말 별것 아닌 아주 간단한 방
법이지만, 폼보드가 케이스를 고정하는
지지대 역할을 해서 케이스 서랍을 한 손
으로도 편하게 여닫을 수 있는 수납 환경
을 만들어준다.

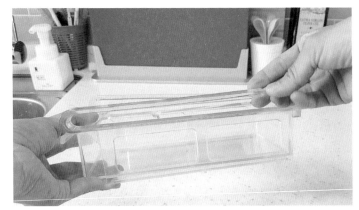

냉장고에 부착하기 좋은 크기의 가볍고 투명한 서랍형 틈새 수납 케이스를 준비한다.

케이스를 앞으로 조금 뺀 상태에서 작게 자른 폼보드를 케이스의 양쪽 다리 안으로 각각 끼운다.

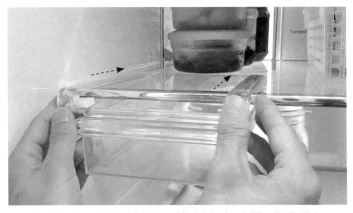

폼보드가 움직이지 않도록 꽉 잡은 상태로 폼보드와 함께 케이스의 두 다리를 그대로 쭉~ 밀어
넣기만 하면 끝!

## ❸ 후크와 집게 활용하기

냉장고에는 각양각색의 다양한 소스가 들어 있기 때문에 소스를 정리하는 별도의 소스 칸도 있기 마련. 소스는 소스끼리!

　다양한 소스 용기 중 튜브로 된 소스류는 냉장고 문을 열 때마다 쓰러지고 또 쓰러져 소스 칸의 수납을 어지럽힌다. 앞으로는 튜브 형태의 소스는 후크와 집게를 활용해 보자. 소스 칸 뒤쪽 공간에 후크를 부착한 다음 튜브 형태의 소스에 집게를 꽂아 그대로 후크에 걸기만 하면 끝!

　간단한 방법이지만 후크가 다양한 물건의 벽걸이가 되듯이 냉장고에서도 튜브 형태의 소스에 딱 좋은 걸이가 되어 공간을 더 유용하게 활용할 수 있게 한다. 벽에 걸면 벽걸이! 냉장고에 걸면?!

✱ **후크 부착 요령**

후크를 부착할 때는 가장 먼저 붙이려는 곳의 물기를 잘 닦고, 따뜻한 손을 이용해 냉기를 살짝 없앤 다음 후크를 붙이면 조금 더 단단하게 부착된다.

자꾸 쓰러지는 튜브형 소스에 집게를 꽂은 다음 소스 칸 뒤쪽에 후크를 붙여 걸어주면 사용도 쉽고 수납도 깔끔!

# 냉장고 서랍도 지켜줄 것이 있어요

냉장고 서랍 공간 역시 어떻게 활용하느냐에 따라 수납의 편리함이나 공간에 대한 느낌이 아주 많이 달라진다.
특히 냉장고 서랍은 무엇이 들어있는지 알 수 없는 검은 정체불명의 비닐봉지들이 가장 자주 출몰하는 곳 중 하나! 이게 뭐였더라?
내용물을 볼 수 없는 비닐봉지들을 냉장고에 쌓아 넣는 수납은 한정되어 있는 좁은 냉장고 속을 더욱 비좁고 복잡하게 하고
재료 사용 또한 선순환이 되지 못하게 만드는 방법이라는 것을 잊지 말자.

### ❶ 수납은 타이밍이다! 나중이 아닌 바로 지금!

비닐봉지 안의 재료들은 한눈에 볼 수 있도록 바로바로 정리하는 것이
좋다. 혹시라도 비닐봉지 안의 재료들을 어떻게 정리해야 할지 모르겠
다면 먼저 비닐봉지를 사용하지 않는 방법을 활용해 각각의 재료들이
조금 더 효율적으로 수납될 수 있도록 재료들의 자리부터 만들어주자.

눈에 보여야 요리를 하고, 요리를 해야 썩어서 버려지는 아까운 재료
들도 살릴 수 있다. 그뿐인가! 있는지 몰라 또 사는 과소비를 줄여 우리
집 가계 경제에도 큰 도움을 주고, 공간도 깔끔하게 정리할 수 있다. 이
것이 바로 수납의 힘이라는 것을 기억하자.

## ❷ 과일 칸, 종이백으로 정리하기

과일의 경우 시장에서 사 온 봉지 그대로 과일 칸에 넣어 두는 경우가 많다. 그렇기 때문에 '어떤 과일이 있는지, 현재 상태는 어떤지' 냉장고 안의 과일을 확인하고 관리하기 어려워 결국 썩어서 버리는 과일들이 생기기도 한다.

과일은 '우리 집에 어떤 과일이 있는지' 가족 모두가 알 수 있는 오픈 수납을 하는 것이 좋다. 그렇다고 과일을 뒤죽박죽 아무렇게나 넣어 두는 수납은 NO! 과일 칸은 평소 쉽게 구할 수 있는 종이백을 활용해 수납해 보자.

종이백으로 수납함을 만들어 각각의 과일 자리를 만드는 수납법으로, 이 종이백 수납은 수납함을 굳이 구입하지 않아도 다양한 과일을 종류별로 나누어 수납할 수 있어 좋다.

또한 과일이 많이 없거나 과일 외에 다른 재료들을 보관하고 싶을 때는 언제든 재료의 상황에 따라 그때그때 종이백을 접거나 펼쳐서 수납할 수 있기 때문에 부피가 큰 수납함들과는 달리 좁은 냉장고 공간 활용에 아주 유용하다.

그리고 가족 모두가 인지할 수 있는 오픈 수납으로 인해 과일이 썩는 일도 줄일 수 있고, 예쁜 과일의 깔끔한 수납 덕분에 서랍을 열 때마다 기분까지 싱그럽게 만들어준다. *아~ 자꾸 열어보고 싶네~ 흐…*

### ✻ 종이백 수납함 보관하기

종이백은 집게형 바지 옷걸이를 활용해 냉장고 틈새 공간에 걸어두고 필요 시 그때그때 꺼내 사용하자. 큰 수납함들과는 달리 접으면 부피가 작아지는 종이백들은 냉장고 밖에서도 정리하기 좋아 부담이 없다.

사용하지 않는 종이백은 접어서 바지 옷걸이로 보관하자.

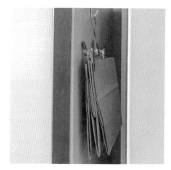

냉장고 옆 틈새에 걸어두면 공간 차지 없이 바로바로 꺼내 쓰기 좋다.

☑ 종이백 수납함 만들기 보러 가기 (149쪽)

✳ 달걀 수납함 활용하기

냉장고 구입 시 액세서리로 들어 있는 달걀 수납함은 채소 수납함으로 활용할 수 있다.

## ❸ 채소 칸, 티슈 상자로 정리하기

채소 칸은 비닐봉지들의 집결지! 매번 비닐을 열어 확인하고 '아 맞다!' 그러고는 또 금세 잊어버리고 '이게 뭐였지?' 하게 되는… 이미 확인했던 재료들을 계속 확인하고 또 확인하게 되는 장소! 이놈의 깜빡을 어쩔 거야?

채소 칸 역시 구입한 채소가 방치되지 않도록 비닐봉지째 그대로 넣지 말고, 재료가 한눈에 보일 수 있도록 채소들의 자리를 만들어 수납하자.

다양한 채소를 수납할 때도 과일 칸과 마찬가지로 종이백을 활용해도 좋지만, 과일과 달리 모양도 크기도 제각각인 채소들은 조금 더 깔끔하게 지탱해 줄 수 있는 티슈 상자를 활용하면 좋다.

티슈 상자의 윗부분만 잘라내면 되기 때문에 만들기도 간편하고, 각각 칸 별로 채소를 분리하여 수납할 수 있어 재료를 한눈에 확인하고 사용하기 편리하다. 그리고 비닐봉지들이 뒤엉켜 복잡하기만 했던 모습과는 달리 더 넓고 깨끗하게 공간을 정리할 수 있어 냉장고 속 식품의 선순환에 많은 도움이 된다.

포장이 없는 채소는 수분이 종이에 묻어날 수 있어 키친타월이나 해동지에 감싸서 보관하는 것이 좋은데, 이는 채소가 냉해를 덜 입게 하는 일석이조의 효과가 있다.

**before**

**after**

과일&채소 칸 역시 비닐봉지 수납은 그만! 꽁꽁 묶인 재료들은 공간을
어지럽히고, 파악도 어려워 식재료 사용을 어렵게 만든다.

과일 칸은 종이백을 수납함으로 만들어 정리하고, 모양도 크기도
제각각인 채소들은 조금 더 단단한 티슈 상자를 활용해 수납하자.

## ✱ 껍질 있는 양파를 깔끔하고 무르지 않게 보관하려면?

보통 구입한 양파를 양파망 그대로, 또는 준비한 그물망에 걸어 두는 경우가 많다. 하지만 이 경우 양파가 쉽게 무를 수 있고 양파를 넣고 빼는 과정에서 양파 껍질이 바닥으로 떨어져 주변 공간까지 너저분하게 만든다. 으~ 껍질 숍는 것도 일이네~ 껍질 있는 양파는 신문지로 하나씩 감싸면 양파끼리 서로 맞닿지 않아 상온에서 싱싱하게 보관 가능하고, 양파 껍질까지 깔끔하게 관리할 수 있다. 오~ 떨어지는 껍질이 없어 깔끔하군~ 😊

그리고 꼭 통풍이 잘되는 바구니나 채반 등을 활용해 그늘진 곳에 보관하는 것도 잊지 말자.

양파 소진이 빠르지 않아 상온에 오래 두어야 한다면 다음 장에 소개하는 냉장 보관법을 활용해 보자.

양파망이나 시중의 그물망에 양파를 그대로 보관하면 쉽게 무르고 껍질이 바닥으로 떨어져 손이 많이 가는 불편함이 생긴다.

통풍이 잘 되는 채반이나 바구니에 신문지로 하나씩 감싼 양파를 넣고 그늘진 곳에 보관하자. 껍질이 떨어지지 않아 깔끔하고 싱싱함도 오래간다.

### ❹ 밀폐용기와 해동지로 채소를 더 싱싱하게 보관하기

채소를 냉장 보관할 때는 밀폐용기와 해동지를 활용하자. 참치나 회 등 생선류를 보관할 때 주로 사용하는 해동지는 먼지가 거의 없고 재료에 달라붙지도 않으며 무엇보다 수분과 유분에 강해 채소 보관에 활용하면 많은 도움이 된다. 해동지라는 것도 있구나?!

쉽게 말해 재질은 키친타월, 성능은 헝겊과 비슷해 키친타월 대신 해동지를 사용하면 훨씬 더 큰 효과를 볼 수 있고 집 안의 다양한 곳에 활용하기에도 좋다.

해동지는 사이즈가 큰 편이기 때문에 두 겹이 아닌 각각 한 겹씩 나누어 사용해도 충분하며 그만큼 사용하는 해동지의 양도 아낄 수 있다.

그럼 지금부터 해동지와 밀폐용기를 활용한 채소 냉장 보관법 몇 가지를 살펴보자.

#### How to 1  애호박, 오이 등의 여름 채소

애호박, 오이 등 여름 채소이면서 열매채소인 재료들은 냉해로부터 보호하는 것이 1순위! 그렇기에 이런 채소들은 해동지로 감싸서 보관하는 것이 좋으며, 이는 습기에 약해 물러질 수 있는 채소들을 조금 더 오래 보관할 수 있도록 한다. 하지만 해동지 역시 물러짐을 지연시킬 뿐, 완벽하게 방지하는 것은 아니기 때문에 채소를 너무 오래 보관하는 것은 되도록 피하자. 소량 구매! 빠른 사용!

**✳ 여름 채소 2주 보관**

애호박, 오이 등과 같은 여름 채소들은 해동지를 감싸 냉해로부터 보호하자.

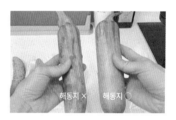

해동지를 감싸 보관한 채소와 그렇지 않은 채소의 신선도는 시간이 지날수록 차이가 많이 난다.

🛒 구매처 인터넷 쇼핑

해동지

✳ 대파 2주 보관

대파는 기다란 밀폐용기 바닥에 해동지를 깔고 줄기와 잎을 각각 따로 담아 세로로 보관하자.

해동지가 수분을 흡수, 서로 눌리지 않는 세로 보관은 대파의 싱싱함을 오래 유지시킨다.

🛒 구매처 실리쿡

| 밀폐용기 | 🔍 |
|---|---|

### How to 2 **대파**

대파는 기다란 밀폐용기 바닥에 해동지를 깔고 세로로 넣어 보관하자. 해동지는 수분을 흡수하는 역할을 하고, 세로 보관은 대파가 서로 눌리는 것을 최소한으로 줄여주기 때문에 대파의 싱싱함이 조금 더 오래 유지된다. 대파는 흰 줄기와 푸른 이파리를 함께 보관하면 더 빨리 무르기 때문에 각각 따로 담아 보관하고, 물기를 완전히 말린 상태에서 용기에 넣는 것도 꼭 잊지 말자.

### How to 3 **깐 양파&파프리카**

양파와 파프리카처럼 해동지를 감싸기 어려운 채소들은 랩을 이용해 보자. 이렇게 랩을 싸서 냉장 보관하면 양파와 파프리카 등의 재료들은 확실히 윤기부터 다르다. 특히 파프리카의 경우 꼭지 부분! 이 부분은 랩으로 감싼 것과 그렇지 않은 것의 싱싱함의 차이가 더욱 크다. 만약 구입한 양파와 파프리카를 바로 소진하기 어렵다면 이 방법을 적극 추천한다.

양파와 파프리카처럼 해동지로 감싸기 어려운 채소들은 랩을 이용해 보관하자.

파프리카의 꼭지 부분을 보면 랩 처리를 한 파프리카와 하지 않은 파프리카의 싱싱함 차이를 바로 느낄 수 있다.

### How to 4 깻잎과 콩나물

깻잎과 콩나물은 물을 이용해 간단하게 보관할 수 있다. 깻잎은 용기에 꼭지만 살짝 담길 정도의 물을 채우고 깻잎을 넣은 후 뚜껑을 닫아 보관하자. 이때 깻잎의 이파리 부분이 물에 닿으면 썩을 수 있기 때문에 물에 잠기지 않도록 주의! 특히 깻잎은 저온에 민감하고 수분 함량도 높은 편이라 냉장고 문쪽에 보관하는 것이 저온 장애와 수분 손실을 막을 수 있다. 콩나물은 밀폐용기에 콩나물이 잠길 정도로 물을 넣어 보관하자. 조금 더 싱싱한 보관을 원한다면 1~2일에 한 번씩 물 갈아주기! 이 방법은 콩나물을 봉지째 보관했을 때보다 싱싱함이 훨씬 더 오래 유지되어 적어도 일주일 정도는 신선한 콩나물을 맛볼 수 있게 해준다.

**✱ 당근 4주 보관**

깻잎은 용기에 물을 채워 꼭지 부분만 살짝 담근 후 뚜껑을 닫아 보관, 콩나물은 밀폐용기에 콩나물이 잠길 정도로 물을 넣어 보관하자.

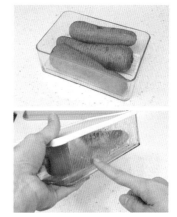

단단한 당근은 밀폐용기 보관만으로도 싱싱함이 오래 유지된다.

### How to 5 당근

뿌리채소인 당근은 단단해서 해동지로 감싸지 않고 밀폐용기에 넣어 두기만 해도 장기간 신선하게 보관이 가능하다. 보관 중 밀폐용기 안쪽에 습기가 생겼을 때도 용기 바닥에 해동지를 깔 필요 없이 간단하게 용기의 물기만 닦거나 탈탈 털어도 당근이 쉽게 무르거나 상하지 않는다. 우리 집 당근은 한 달 동안 사용 중이야. 흐흐흐…

밀폐용기 ✕    밀폐용기 ○

한 번씩 용기의 물기만 닦거나 탈탈 털어 보관만 해도 쉽게 무르거나 상하지 않는다.

# 냉장고 수납 전 알아두어야 할 두 가지

한정된 공간에서의 수납은 '물건의 양을 조절하는 작업'이 꼭 필요하다. 특히 냉장고는 식재료를 보관하는 공간인 만큼
그 어떤 곳보다 재료의 양을 적절히 조절하고 위생적으로 관리해야 한다. 하지만 마트나 시장에 가면 두근두근 가슴을 뛰게
만드는 1+1 제품, 할인 제품이 많아 예정에도 없던 구입으로 '장바구니는 통통하게! 냉장고는 그득하게!' 되어 버린다.
냉장고 수납은 장보기부터 시작된다. 그러니 장을 보기 전에 꼭 우리 집 냉장고의 재료와 공간부터 점검하고 출발하자.

### ❶ 냉장실은 60%만 채우기

냉장실의 경우 내부가 60% 정도만 채워질 수 있도록 유지하는 것이 냉
기가 가장 잘 순환되고 냉장 효과도 좋기 때문에 현재 우리 집 냉장고가
그 이상으로 채워져 있다면 냉장고 안의 재료들을 어느 정도 소진할 때
까지 장보기를 미루고, 아니면 정말 꼭 필요한 재료만 구입한다. 반드시
냉장고 공간을 미리 확인하고 구매 계획을 세워 장을 보는 습관을 들이
자. 모든 수납이 마찬가지지만 특히 '60%의 공간 수납법'은 좁은 냉장고
의 공간을 더 넓게, 그리고 냉장 효과까지 더욱 뛰어나게 하기 때문에 냉장
실 수납 시, 이 수납법을 꼭 기억해 장을 보고 수납할 수 있도록 노력하자.

냉장실은 60%만 채워 공간은 더 넓게, 냉장 효과는 뛰어나게 관리하자.

냉동실은 냉기 유지를 위해 꽉꽉 채우는 것이 좋다. 재료 소진이 더딜 경우 얼린 페트병이나 아이스팩 등을 채워 주변 온도를 낮추자.

## ❷ 냉동실은 꽉꽉 채우기

냉동실은 냉장실과 반대로 냉동된 재료들이 많으면 많을수록 주변 온도를 낮추는 데 도움을 주기 때문에 꽉꽉 채우는 '냉기 유지 수납법'이 필요한 곳! 아! 그럼 잔뜩 사놓아도 되겠네?

하지만 '냉동이니까…', '냉동실은 오래 두어도 괜찮겠지?', '꽉꽉 채워 공간 관리해야지…'라는 생각으로 무턱대고 많은 재료를 냉동실에 넣는 것은 금물!

냉동실은 세균 활동이 더딜 뿐, 엄연히 세균이 존재하기 때문에 냉동실만 믿고 많은 재료를 가득 채워 장기간 동안 먹을 생각을 해서는 안 된다. 냉장고는 신이 아니란다. 얘야~

물론 가정에 따라 재료 소진이 빠른 경우 식재료들을 가득 채워 냉기 유지에 도움을 주어도 좋지만, 그렇지 않은 경우 냉동실 역시 재료들이 소진되는 기간을 생각해 필요한 만큼만 재료를 구입해 보관하고 그 외 빈 공간에는 얼린 페트병이나 아이스팩 등을 채워 넣어 주변 온도를 낮추는 것이 좋다. 아하! 얼린 페트병과 아이스팩! OK!

# Chapter

물건을 쉽게 찾고
바로 정리하기 좋은
수납 환경을 만드는 것이 중요하다.

보관할까?
정리할까?

알찬 공간 활용까지 제대로!

# 언제든 찾기 쉬운 다양한
# 보관장 & 가구 수납팁

깨끗하고 보기 좋은 수납도 좋지만 물건을 쉽게 찾고 바로 정리하기 좋은 수납 환경을 만드는 것 또한 아주 중요한 부분! 수납 방법과 활용하는 수납 용품에 따라 공간의 쓰임이 완전히 달라질 수 있기 때문에 수납할 때는 각 공간마다 보관하는 물건을 살펴 다양한 수납 방법과 도구를 함께 활용하는 것이 좋다. 수납 공간은 깨끗함뿐 아니라 언제든 찾기 쉽고 정리 정돈하기 편리하게, 그리고 알찬 공간 활용까지 함께 이루어져야 제대로 된 즐거움을 느낄 수 있다.

# 옷장 수납의 시작은 옷 정리부터!

좁은 옷장 속에 다양한 의류를 보관하다 보면 자칫 너무 정신없고 복잡한 수납이 될 수 있다. 그래서 옷장 역시
'공간 관리'에 초점을 맞추어야 하며, 그러기 위해서는 옷장 속 가득한 옷 정리부터 제대로 해야 한다.
수납과 정리는 엄연히 다르다. 평소에 물건을 사용하기 쉽게 만드는 것이 '수납'이라면, 불필요한 것을
줄이거나 없애는 것은 '정리'. 효율적인 수납에 앞서 먼저 효율적인 정리가 꼭 필요하다는 것을 기억하자.

## ❶ 보관할까? 정리할까?

옷장 수납에서 가장 중요한 원칙은 '옷장 공간의 80% 정도만 채우는 수
납'을 해야 한다는 것! 크헥! 내 옷장은 150% 수납 중인데... 그래야 효율적으
로 옷장을 관리할 수 있고, 옷감 손상도 줄일 수 있다. 그러니 지금 바로
옷장 문을 열어 빽빽하게 가득 찬 옷들을 먼저 살펴보자. 그 많은 옷 중
어떤 옷을 보관하고 또 어떤 옷을 정리할지 생각해 보자.

수납의 시작은 항상 '어떻게 수납할까?'에 앞서 '어떻게 정리할까?'를
먼저 생각하는 것! 하지만 막상 정리를 하려고 하면 무엇부터 어떻게 해
야 할지 몰라 막막하거나, 지금 하고 있는 이 정리가 정말 맞는 것인지 헷
갈리는 경우가 많다.

그래서 결국 옷장 속에 가득 찬 옷들을 정리하는 단계는 생략하고 무작
정 수납에만 초점을 맞추어 공간을 사용하려 보니 옷장은 옷장대로 제
대로 된 수납이 이루어지지 못하고, 옷장 문을 여는 나의 마음에는 늘 짜
증이라는 반갑지 않은 감정까지 찾아오게 된다.

그렇다면 도대체 이 옷장 속 옷들을 어떻게 정리하면 좋을까? 지금부
터 내가 보관해야 할 옷은 무엇이고, 또 정리해야 할 옷은 무엇인지 함께
체크해 가며 정리를 시작해 보자.

## ❷ 옷 정리의 첫 출발은 이렇게!

많은 양의 옷을 잘 정리하기 위해서는, 가장 먼저 옷장 안에 있는 옷들을 모두 밖으로 꺼내야 한다. 옷장을 열 때마다 매번 입을 옷이 없다고 얘기하지만 막상 꺼내 놓고 보면 생각보다 너무 많은 옷의 양에 놀라게 될 것이다. 헉~ 이게 다 옷이야? 분명 입을 옷이 없었는데… 옷이 이렇게나 많다? 그건 바로 평소 묵혀 놓고 있던 옷이 많았다는 뜻이기도 하다.

먼저 꺼낸 옷들 중 가장 오랜 시간 보관만 해두었던 옷부터 찾아보자. 바로 이 옷들이 옷장 공간을 가장 많이 잡아먹는 옷장 속 흡혈귀! 으흐~ 내 자리 내놔~~~!

'오래도록 입지 않은 이 옷들을 나는 왜 보관하고 있는지', '얼마나 오래 입지 않았는지', '왜 입지 않았는지'… 등 그 옷을 묵혀 놓고 있었던 이유를 찾아보자. 어떤 옷도 '그냥'이라는 이유는 없을 것이다.

## ❸ 옷 가치 있게 정리하기

우리의 옷장 속은 다양한 이유로 지금도 여전히 복잡하고, 그 옷장을 매일 바라보고 있는 나의 마음까지도 어지럽고 복잡해진다. 그렇기 때문에 수납에 있어 정리라는 작업은 꼭 필요한 부분이며, 절대 생략해서는 안 되는 단계이기도 하다.

평소 결단력이 약해 정리에 어려움을 많이 느낀다면 절대 혼자서 정리를 시작하지 말자. 결단력이 약한 사람들은 대부분 문 앞까지 내다 놓은 옷들을 그대로 다시 주워 옷장 속에 집어넣는 경우가 다반사! 그렇기에 주위에 결단력이 강한 지인과 함께 정리해 볼 것을 추천한다.

'옷의 정리'는 곧 '버리는 것'이라는 생각에 정리가 망설여지는 사람들

---

✳ 옷장 공간 유지 노하우

- 옷장 속 옷걸이에 수량 제한을 걸어라.
- 옷걸이를 빼는 건 괜찮지만 더 추가시키지는 말자.
- 옷이 사고 싶을 때는 옷이 정리되어 빈 옷걸이가 나올 때 구매하거나, 정리할 옷을 찾아 정리를 마치고 구매하자.

세상 간편한 '옷걸이 체크'만으로도 옷장 공간을 일정하게 유지하는데 큰 도움을 받을 수 있다. 새 옷걸이가 들어오지 못하게 사수하라!

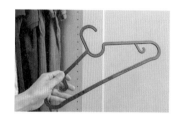

이 있다면 정리의 초점을 조금 바꾸어 보자. 내가 입지 않는다고 정리한 옷들을 무작정 버리는 것으로 해결할 필요는 없다. 내게 필요치 않은 옷들이 누군가에게는 필요한 옷이 될 수 있기 때문에 충분히 재사용이 가능하다. 그러니 좁은 옷장 속에서 공간만 차지하는 묵혀둔 옷들을 정리해 또다시 예쁘게 입힐 수 있는 기회를 만들어주자.

### How to  옷에게 새로운 기회를 주는 방법

옷에게 기회를 주는 가장 쉬운 방법은 바로 지인과의 나눔. 하지만 요즘은 의류 수거 업체, 중고 거래 등 다양한 방법을 통해서도 나눔을 할 수 있다.

특히 '아름다운 가게'나 '굿윌스토어' 등 옷을 기증할 수 있는 매장들이 많아져 나에게 필요 없는 물건들이 누군가에게는 꼭 필요한 물건으로 재사용 될 수 있는 기회 또한 많아졌다.

그뿐인가! 무작정 버려져 폐기물이 될 수 있는 옷에게 기회가 생기는 것은 환경적인 면에서도 좋은 의미가 있고, 장애인의 경제적 자립을 돕는 일자리 창출의 계기도 된다. 그리고 판매를 통해 모인 금액은 소외 계층을 돕는 일 등 좋은 곳에 쓰여 나는 물론 모두에게 아주 가치 있는 일이 될 수 있다. *기부영수증으로 연말정산까지!* 그러니 충분히 재사용할 수 있는 옷은 옷장 속에서 꺼내 새로운 날개가 달릴 수 있도록 다양한 방법을 통해 정리해 보자.

가장 중요한 것은 계획적인 구매. 평소 정리할 옷이 너무 많지 않도록 빠르게 변해가는 유행에만 집착하는 소비 습관을 줄이고, 조금 더 신중히, 그리고 옷장 공간을 생각하며 계획성 있게 구매하는 자세를 잊지 말자.

보관용, 정리용으로 분류해 묵혀 있던 옷을 정리하는 것이 옷장 수납의 시작!

기부, 중고 거래 등 가치 있는 옷 정리로 옷에게 또 다른 기회를 주자.

언젠가는 꼭 입을 거라는 막연한 생각으로 오랫동안 보관해 둔 옷들이 있다면 과감히 정리하자!
옷장의 새로운 면모를 발견할 수 있게 된다.

# 옷을 버리지 못하는 이유에서
# 벗어나자!

옷장 속 옷들을 하나하나 살펴보면 정말 다양한 이유로 인해 버리지 못하고 묵혀두는 옷들이 많다. 하지만 그 어떤 이유라도 입지 않는 옷이라면 정리 1순위. 현재 나의 옷들은 어떤 이유로 입지 않는지, 또 버리지 못하는지 체크하며 그 이유에서 벗어나 보자.

하나, '언젠가는 입을 거야…'

옷 정리를 할 때면 '언젠가는 입겠지…'라는 생각으로 마냥 옷장 속에 보관하는 옷들이 있다. 하지만 '언젠가는…'이라는 미련은 정리의 발목만 잡을 뿐 앞으로도 입을 일이 없다. 그러니 '언젠가는…'이라는 단어는 잊고 몇 년 동안 묵혀 있던 옷들은 과감히 정리하자!

둘, '돌고 돌아 유행이 다시 돌아올 거야!'

옷의 유행이 다시 돌아올까 싶어 몇 년 혹은 몇십 년 동안 옷장 속에 있는 옷들도 많다. 하지만 언제일지 모를 옷의 유행을 한없이 기다리다가는 옷장은 옷장대로 숨 막히고 옷은 옷대로 점점 삭아간다. 그리고 혹시나 유행이 찾아온다 해도 현재 유행하는 옷이 디테일이 달라지는 경우가 많아 결국은 새로 구입할 확률이 높다.

그뿐인가? 나이가 들면 체형도 바뀐다. 이건 슬픈 말이야.. 흑흑~ 🗿 그러니 언제 올지 모를 유행을 위해 옷을 묵혀두지 말고 정리에 들어가자. 미래에 어찌 될지 모르는 옷들이 아닌 현재의 나를 위해 애써주는 옷에게 지금의 옷장 자리를 내어주자.

셋, '살 빼고 입어야지!'

살을 빼고 다시 입기 위해, 또는 다이어트에 대한 자극을 주기 위해 내 체형에 맞지 않는 옷들을 그대로 걸어 두

는 경우도 많다. 하지만 자극을 주기 위한 옷이라면 한 벌 정도만 있어도 충분하며, 살을 빼고 다시 입을 계획으로 보관해 두는 옷들은 꼭 정리할 것을 추천한다.

이런 보관은 현재 내가 가장 예쁘게 입을 수 있는 옷들의 수납마저 불편하게 만든다. 그리고 시간이 지나면서 내가 찾는 옷 스타일이 바뀌어 옛날 옷은 잘 입지 않게 되는 경우도 많다. 그러니 '나중에…'라는 생각으로 옷 정리를 미루지 말고, 맞지 않는 옷들이 있다면 지금 바로 정리하자. 으~ 이놈의 살은 도대체 언제 사라지는고야~~ 🪨

### 넷, '이건 너무 비싼 거야!'

묵혀두고 있는 옷 중에는 아주 비싼 가격을 주고 구매한 옷 역시 포함되어 있다. 이 옷이 얼마짜린데! 🪨 하지만 단순히 '비싼 옷'이라는 이유로 좁은 옷장에 자리만 차지하고 있기보다는 필요한 사람에게 보내는 것이 더 가치 있을 수 있다. 그러니 좁은 옷장에 갇혀 빛을 보지 못하는 옷들이 있다면 이제는 그 옷에 빛을 줄 수 있는 사람에게 보내주자.

### 다섯, 추억 그리고 선물

추억이 담긴 옷, 누군가에게 선물 받은 옷 역시 정리가 쉽지 않다. 하지만 추억은 내가 살아있는 동안 계속 쌓이는 것이기 때문에 이 추억의 옷들을 하나하나 모아놓다 보면 결국 옷장은 추억장이 되어 버릴 수 있다는 점을 기억하자. 이 많은 옷을 어떡하지! 힝~ 🪨

추억은 꼭 현물로 가지고 있어야 추억이 되는 것은 아니다. 우리에게는 앨범이라는 추억의 보관함도 있으니 이제 추억은 사진으로 남기고 추억의 옷들은 정리에 들어가자. 또한 추억의 옷으로 액자나 소품을 만들어 활용할 수도 있으니 옷장 공간에는 여유를 주고, 나의 추억은 또 다른 형태로 만들어보자.

# 본격적으로! 옷장에 수납을 시작해볼까?

생활비도 계획을 세우듯 옷장에 옷 역시 계획을 세워 수납해야 흐름을 파악하기 쉽다.
단지 '깨끗하게 수납해야지!' 라는 생각으로 옷을 무작정 반듯하게 넣어 놓기만 한다면 보기에는 깔끔해도
사용의 불편함과 유지의 실패는 당연한 결과일 수 밖에 없다. 그러니 옷장 하나를 수납하더라도 계획을 세워
사용도, 유지도 쉽게 이어질 수 있도록 하자.

## ❶ 수납 전 분류는 기본

옷장은 다양한 옷들이 수납되는 공간이기 때문에 옷을 계획적으로 잘 분류한 상태에서 수납하는 것이 좋다. 그렇지 않을 경우 옷을 찾는 것 뿐만 아니라 정리하는 과정에 많은 시간을 할애하게 되고, 옷장 사용의 답답함, 옷장 수납 유지에 많은 어려움이 생길 수 있다. 으~ 뭐가 이렇게 복잡한거야!

그렇다면 옷을 어떤 단계로 분류하는 것이 좋을까? 우선 첫 번째, 수납할 옷을 '여름-봄&가을-겨울' 순의 계절별로 분류하자. 그리고 두 번째, 분류한 옷을 다시 종류별로 한 번 더 분류하되, 옷 스타일에 따라 캐주얼과 정장으로 나눈 후 캐주얼 중에서는 기본 티와 맨투맨 티, 정장 중에서는 블라우스와 셔츠 등으로 옷의 형태에 따라 상세한 분류를 하는 것이다.

이런 분류 수납은 원하는 옷을 더욱 빠르고 쉽게 찾을 수 있도록 하고, 옷의 종류가 한눈에 보여 효율적이며 수납을 더욱 꾸준히 유지할 수 있는 환경까지 만들어준다. 그러니 새로 수납할 마음을 먹었다면, 무작정 보이는 대로, 또는 생각나는 대로 옷장 안 여기저기에 무턱대고 넣지 말고 계절별, 종류별, 두께별로 각각의 자리에 잘 나눠 수납해 나뿐만 아니라 가족

들 누구라도 찾으려고 하는 옷을 한 눈에 바로 확인할 수 있도록 해보자.

오! 한 눈에 쏙! 바로 찾았다! 😊

또한 분류 수납 시 세트 옷은 굳이 따로 분류할 필요 없이 세트는 세트끼리 그대로 수납하는 것이 좋다. 그리고 스커트 옆에 블라우스, 원피스 옆에 가디건 등 평소 자신이 자주 매치하여 입는 종류끼리 한공간에 수납하는 연관 수납 방법도 유용하다. 이 방법은 옷의 매치와 동선을 편리하게 하고 정리 및 유지까지도 수월하게 한다.

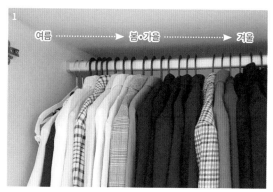

수납할 옷들은 가장 먼저 계절별로 분류하자.

계절별로 분류한 옷은 다시 한번 옷의 종류와 스타일에 따라 조금 더 상세하게 분류하자..

계절별, 종류별, 두께별로 나누어 정리하면 한눈에 찾기 쉽고 수납 유지 또한 쉽게 이어갈 수 있다.

자주 매치하여 입는 종류끼리 연관 수납을 하면 외출 준비 시 동선이 편리해지는 것은 물론 정리 유지도 훨씬 더 수월하다.

## ❷ 무지개와 팔레트를 상상하며 수납하기

옷을 분류하는 과정이 모두 끝났다면 이번에는 그 옷들을 색상별로 분류해 보자. '색상별 수납'은 옷장을 시각적으로 더욱 넓고 깨끗한 공간으로 보이게 만들어 다양한 옷을 수납하는 옷장의 경우 이 수납법을 꼭 함께 활용할 것을 추천한다.

색상별 수납은 종류별로 분류된 옷들을 화이트 계열부터 블랙 계열까지 앞쪽부터 정리하면 끝.

기본 티의 밝은색에서 어두운색, 맨투맨 티의 밝은색에서 어두운색 등으로 분류하면 자칫 어수선해 보일 수 있는 공간이 조금 더 깨끗하면서 넓어 보이고, 맨 앞쪽에 있는 밝은 계열의 옷들은 각각의 옷의 종류를 나누는 하나의 기준점이 되어 원하는 옷을 쉽게 찾을 수 있고 정리 또한 쉽다. 여기부터가 맨투맨이구나! 만약 화이트나 블랙 사이에 수납해야 할 중간색들의 순서가 애매하다면 '빨주노초파남보' 무지개나 팔레트 색을 떠올려 그 색 순서에 맞춰 정리해 보자.

같은 종류의 옷끼리 모아 정리했다면 그다음은 밝은색에서 어두운색 순으로 색의 순서를 정해 수납하자.

## ❸ 서랍장에 세로 수납을 추천하는 이유

보통 옷 수납을 유지하는 가장 편한 방법은 옷을 접어서 보관하는 것이 아닌 옷걸이에 걸어서 보관하는 것! *아~ 옷 접기 귀찮아!* 😵 유지에 어려움을 많이 느끼는 사람들은 웬만하면 모든 옷을 걸어서 보관하는 것이 좋지만 평소 수납을 하다 보면 옷을 전부 걸어서 보관하기에는 수납 공간이 부족한 경우가 많다. 이럴 때는 일부 옷들은 접어서 서랍장에 보관하는 방법을 함께 활용할 필요가 있다.

옷을 서랍장에 보관할 때도 아무렇게나 넣지 말고 옷장에 걸어놓은 옷들처럼 모든 옷을 한눈에 바로 확인할 수 있는 수납을 하되, 세로 수납의 방법을 활용해 보자. 옷이 아래쪽으로 깔리는 가로 수납과는 달리 세로 수납은 수납된 옷들을 쉽게 찾고 정리할 수 있어 활용하지 못하는 옷이 생기지 않는다. 그리고 가족에게도 옷의 위치를 매번 알려주지 않아도 되어 편하게 사용할 수 있다. *한눈에 쏙쏙~! 다 보이지?!* 😊

세로 수납의 또 하나의 매력! 평소 옷장 속 세로로 수납된 서랍장의 옷들을 사진으로 찍어 보관하자. *찰칵!* 😊 세로로 수납된 서랍장은 한눈에 옷의 종류를 파악하기 쉬워 쇼핑할 때 이 사진을 참고하면 똑같은 스타일과 색상의 옷을 구매하는 황당한 실수를 피할 수 있다. 특히 아이들의 옷은 '이런 스타일의 옷이 있었나?', '무슨 색 옷이 있었더라?' 등 기존의 옷들이 생각나지 않아 난감할 때가 많기 때문에 평소 아이들의 서랍장 역시 사진을 찍어두면 옷 쇼핑에 많은 도움을 받을 수 있다. *어디 보자~ 어? 흰색 티가 많네! 그럼 회색 티로 하나 사야겠다!* 😊

또한 서랍장 역시 옷장 수납과 마찬가지로 옷을 각각 계절에 따라 종류와 두께, 색상별로 수납하고 세트는 세트끼리 함께 보관하자.

서랍 속 옷을 한눈에 확인할 수 있는 세로 수납! 서랍장 역시 계절과 종류, 두께, 색상별로 수납하고 세트는 세트끼리 보관하자.

세로 수납으로 정리한 서랍은 사진을 찍어 두었다가 쇼핑할 때 참고하면 똑같은 스타일의 옷을 구매하는 실수를 피할 수 있다.

## ❹ 나도 하는 세로 수납!
## 하지만 유지가 잘되지 않고 자꾸 흐트러진다면?

수납에 관심이 많은 주부라면 세로 수납을 활용하고 있을 것이다. 하지만 세로 수납에도 단점은 있는 법. 옷을 꺼낼 때마다 도미노처럼 쓰러지거나 분명 제대로 수납을 해 놓았는데도 어느 순간 애써 정리한 수고로움이 금방 무너지는 등 세로 수납 유지에 어려움을 느낄 때도 많다. 왜 나만 안 되는 건가? 😩

그렇다고 포기는 금물! 세로 수납을 꾸준히 오랫동안 유지할 수 있는 방법을 서랍장에 적용해 보자. 과연 어떤 방법으로 세로 수납을 오래 유지할 수 있을까? 그건 바로 공간 나누기! 하나의 칸으로 이루어진 서랍을 각각의 여러 공간으로 나누어 수납하는 것이다.

### How to 1 종이백으로 구역 나누기

종이백 하나하나를 각각의 다른 공간으로 생각하여 서랍 안 공간을 다양하게 나누어 수납해 보자. 이 종이백 수납은 옷을 종류별, 색상별로 분류해 보관하기 좋고, 옷을 넣고 뺄 때도 주변 옷들이 흐트러지지 않아 편리하면서도 공간을 깔끔하게 유지하는데 도움이 된다.

☑ 종이백 수납함 만드는 법 보러 가기 (149쪽)

### How to 2 압축봉으로 지지대 만들기

서랍의 가로 길이에 맞는 압축봉을 서랍 안쪽에 설치해 공간을 나누자. 옷의 지지대 역할을 하는 압축봉은 옷을 꺼낼 때 다른 옷들이 도미노처럼 쓰러지는 것을 막고, 정리도 수월해 깔끔한 환경을 유지할 수 있다.

서랍 수납 시 종이백을 활용하면 공간을 깔끔하게 유지하는데 도움이 된다.
종이백 수납은 옷을 종류별, 색상별 등으로 구분해 정리하기 좋고 주변 옷들이 흐트러지는 것을 방지한다.

압축봉을 서랍에 설치해 공간을 나누어 세로로 수납하자.
도미노처럼 쓰러지는 현상 없이 깔끔한 수납 환경을 유지할 수 있다.

## ❋ 세탁 후 옷 정리는 서랍장 앞에서!

세탁 후 건조된 옷들을 서랍장 앞에서 바로 접거나, 서랍을 아예 열어놓은 채 접어가며 바로바로 넣는 수납을 해보자. 옷 수납을 미루지 않고 조금 더 쉽고 간단하게 끝낼 수 있다.

## ❋ 예쁘게 접다가 수납을 접는다

예쁜 옷 접기 정보를 찾아 수납에 적용하지 말자. 새로 시작하는 수납 방법도 손에 익지 않은 상태에서 옷까지 예쁘게 접으려고 욕심부리는 것은 유지의 실패를 높이는 또 하나의 원인이 될 수 있다. 즉 예쁘게 접으려다가 오히려 새로 시작한 수납을 접을 수도 있다는 것. 그러니 예쁘게 또는 새로운 옷 접기는 나중에! 새롭게 적용하는 이 수납만으로도 우리의 몸은 아직 어색하고 불편할 수 있으니 옷 접기만이라도 평소 자신이 접던 방법 그대로 유지하자.

새로운 수납이 자연스럽게 습관이 되고, 꾸준히 유지도 잘 된다면 그때 또 다른 옷 접기를 적용해도 좋다.

옷을 넣을 때도 각을 세우려 애쓰지 말자. 이 또한 옷 수납의 유지를 금방 지치게 만든다. 우리의 숙제는 예쁜 수납이 아닌 꾸준한 수납과 유지!

유지가 습관이 되는 그날까지 예쁘게, 그리고 각 잡는 옷 정리는 뒤로하고 우선 수납에만 초점을 맞추자.

## How to 3  북엔드로 쓰러짐 방지하기

북엔드로 세로 수납의 흐트러짐을 예방해 보자. 북엔드는 책의 쓰러짐을 방지하는 용품으로 옷과 옷 사이에 두면 옷이 잘 쓰러지지 않는다.

개수가 많지 않은 옷들은 아무래도 서로 지지하는 힘이 부족하기 때문에 더 쉽게 쓰러지고 더 자주 흐트러질 수 있다. 이럴 때는 마지막 옷 수납 시 북엔드를 꽂아 활용하면 옷의 쓰러짐 방지는 물론 깔끔한 서랍 공간까지 완성할 수 있다. 오! 애들 옷 수납에 이용해 봐야겠다.

## How to 4  격자형으로 탄탄하게 수납하기

앞에서 소개한 세로 수납의 활용법들이 모두 도구를 활용하는 방법이었다면, 이번에는 오로지 옷 자체로만 서랍 공간을 분류하여 수납하는 방법을 만나보자.

격자형 수납은 수납 자체가 옷들의 쓰러짐을 자연스럽게 방지하고 동시에 격자 형태가 서랍 속 공간을 각각의 공간으로 분류하는 역할까지도 해서 이 역시 옷을 스타일에 맞게 종류별, 색상별 등으로 분류할 수 있다.

특별한 도구의 활용 없이 세로 수납을 편하고 깔끔하게, 그리고 조금 더 체계적으로 유지하고 싶다면 서랍장의 공간을 격자형 수납으로 정리해 볼 것을 추천한다.

옷의 개수가 많지 않을 때는 서로 지지해 주는 힘이 작아 옷이 쉽게 쓰러지고 공간이 어수선해질 수 있다.
옷 중간중간 또는 마지막 옷 수납 시 북엔드를 꽂아 활용해 보자. 쓰러짐 방지는 물론 깔끔한 서랍 공간이 완성된다.

금세 흐트러지는 서랍을 특별한 도구 없이 깔끔하게 유지할 수 있는 방법은? 바로 격자형 수납!
옷의 쓰러짐을 자연스럽게 방지하고 분류 수납의 역할까지 해서 사용도 편하고 공간도 깔끔하게 유지된다.

### ❺ 독립적인 우리 아이를 위해 아이 성장에 맞춰 수납하기

아이들의 옷장은 아이들의 키만큼 커지고 길어져 버린 옷들로 인해 어느 순간 서랍이 빽빽해지거나 옷봉에 걸려 있던 옷들이 선반 아래까지 닿게 되는 등 수납 공간이 점점 복잡해지고 불편한 수납으로 바뀌는 경우가 많다. 어머! 언제 이렇게 길어졌지?

그래서 아이들의 옷 수납은 한번 수납해 놓은 형태 그대로를 계속 이어가는 것이 아닌 아이들의 성장에 맞춰 그때그때 수납의 위치나 형태를 바꾸는 작업이 필요하다.

현재 아이들의 옷 수납 상태가 지금보다 훨씬 더 어렸을 때의 형태를 유지하고 있다면 지금 바로 아이들의 옷 길이나 종류에 맞춰 수납의 자리를 다시 정하고 옷봉이나 선반 설치 또는 제거를 통해 공간 효율성을 높이자. 그래! 좀 바꿔야겠다!

아이들의 성장에 따라 자주 사용하는 물건들 역시 매번 달라지기 때문에 과거의 자리는 현재 아이가 가장 자주 사용하는 물건들의 자리로 바꿔주자.

아이들의 물건을 수납할 때 가장 중요한 것은 '매번 엄마가 모든 것을 해 주는 수납'이 아닌 '아이들 스스로도 물건들을 정리하고 관리할 수 있는 수납'이 가능하도록 만드는 것. 즉, 아이들에게는 독립심을, 엄마에게는 여유로움이 생길 수 있는 수납 환경을 만드는 것이다. 그래서 비교적 손이 닿기 쉬운 옷장 중간이나 아래쪽 서랍 등에는 아이들이 직접 정리하기 쉬운 물건 위주로 수납하여 아이들의 성장에 따라 수납의 습관도 함께 키울 수 있도록 하자.

아이들의 옷 수납은 아이들의 성장에 맞춰 그때그때 위치나 형태를 바꿔야 한다.
옷봉이나 선반의 설치 또는 제거를 통해 아이들의 옷에 맞게 수납의 자리를 다시 정하자.

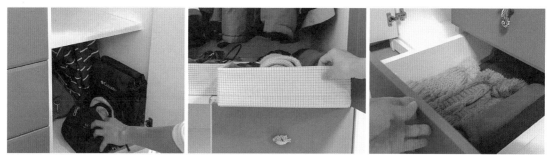

비교적 손이 닿기 쉬운 옷장 중간이나 아래쪽 서랍 등에는 아이들이 직접 정리하기 쉬운 물건들 위주로 수납하자.

## ❻ 입던 옷, 깔끔하게 수납하기

외출할 때 입었던 옷들은 땀과 먼지 등이 많이 묻어 있어 대부분 세탁기나 빨래 바구니 안에 바로 넣게 된다.

하지만 몇 번 입지 않은 옷, 그리고 세탁하기에는 아직 깨끗한 상태인 옷들은 평소 어떻게 수납하는 것이 좋을까? 의외로 많은 주부들이 입던 옷의 수납에 대해 고민하고 있고, 다양한 방법을 활용하고 있다.

입던 옷을 사칫 잘못된 방법으로 수납할 경우 옷이 손상될 수도 있고, 주변 공간까지 해치기도 한다. 그렇다면 입던 옷들은 어떻게 수납하고 또 무엇을 주의하면 좋을지 지금부터 함께 살펴보자.

### How to 1 **행거 사용은 신중하게**

많은 사람들이 입던 옷 수납에 행거를 사용한다. 그만큼 행거를 활용한 수납이 편하다고 느끼는 경우가 많다는 것. 하지만 행거의 잘못된 사용은 옷이나 주변 공간에 전혀 도움이 되지 않기 때문에 행거 사용 시 이것만은 꼭 지킬 수 있도록 노력하자.

바로 옷 무덤 만들지 않기. 행거를 사용하다 보면 어느 순간 옷걸이에 걸어 놓은 옷들은 온데간데없고 그냥 아무렇게나 툭툭 집어던진 옷들로 인해 행거가 옷 무덤으로 변해버리는 경우가 많다. 헉! 내 얘기잖아!

이런 옷 무덤은 옷 사용에 도움이 되지 못할 뿐 아니라 뒤엉켜 있는 옷들로 인해 옷감이 손상되기도 하고, 주위 공간까지 지저분하게 만든다. 그러니 행거를 사용해야 한다면 옷 무덤이 되지 않도록 조심하고 또 조심하자.

옷걸이에 옷을 거는 시간은 정말 단 몇 초면 가능하다. 맞아! 그렇긴 해... 반성중~ 그러니 이왕 하는 수납, 단 몇 초를 귀찮아 하기보다 몇 초의 투자가 평소 나의 수납 공간을 더욱 편하고 깔끔하게 유지할 수 있다는 생각으로 이 부분 또한 체크하고 관리하는 습관을 갖자.

행거 수납 역시 옷장 수납과 마찬가지로 종류별 그리고 두께와 색상별 순서들을 활용해 정리해 보자. 행거는 오픈된 옷장이나 마찬가지. 그렇기에 아무리 입던 옷이라도 마구잡이로 아무렇게나 걸어 놓지 말고 평소 유지하기도 쉽고 주위 공간까지도 깔끔하게 만들 수 있도록 행거 수납 역시 나름의 기준을 정해 관리하자.

스탠드형 행거 외에도 벽이나 문에 설치하는 행거나 베란다에 설치되어 있는 빨래 건조대까지 활용하여 입던 옷을 보관하는 경우가 있다. 하지만 이렇게 밖으로 보이는 방식의 옷 수납은 자칫 잘못 관리할 경우 주변 공간 및 집 전체 인테리어까지도 해칠 수 있기 때문에 행거와 같은 오픈형 제품들은 항상 신중하게 생각한 후 선택하자. 혹시 오픈 행거를 관리할 자신이 없다면 최대한 오픈 사용을 줄일 수 있는 수납을 통해 깔끔한 공간이 손쉽게 유지될 수 있도록 만들자.

통풍이 잘되는 수납장

### How to 2 오픈 수납을 피하고 싶다면?

오픈 수납을 줄이기 위해서는 미니 수납장과 행거가 달린 전신거울을 준비하자. 그리고 입던 옷들을 구김 없는 옷과 구김 있는 옷으로 구분해 구김 없는 옷은 수납장에, 구김 있는 옷은 간단한 행거가 달린 전신거울을 활용해 보자.

다만 이때 사용할 수납장은 아무래도 입던 옷들을 보관하는 것이기에 안쪽이 꽉 막힌 답답한 형태보다는 공기 순환이 원활하게 이뤄질 수 있는 것이 좋다. 이는 입던 옷들을 보이지 않게, 깔끔하게 각자의 의류를 칸마다 따로 수납할 수 있고 통풍 또한 원활해 사용과 관리가 편하다. 차

기 입던 옷은 위쪽이야!

입던 옷을 오픈 수납장에 보관할 때도 세로 수납과 상의, 하의를 나누어 한눈에 바로 보일 수 있도록 수납하여 원하는 옷을 쉽고 빠르게 찾을

거울이 가려주는 행거

🛒 구매처 모던하우스, 이케아

수납장, 걸이형 전신거울(크나페르)

## ✱ 행거 보호하기

왔다 갔다 움직이는 옷걸이로 인해 행거 부분에 생길 스크래치가 걱정된다면, 투명한 박스 테이프를 길이에 맞게 잘라 행거 부분을 코팅 시키 듯 붙여보자. 간단한 방법이지만 행거 사용의 편의성을 높이는 고마운 팁이 된다.

행거에 투명 테이프를 붙여 스크래치 방지!

수 있는 환경을 만들자. 그리고 구김이 있는 의류들은 옷걸이에 걸되 앞서 말한 것처럼 거울 뒤쪽으로 간단한 행거가 달린 걸이형 전신거울을 활용하자.

거울 뒤쪽에 달린 행거는 사방이 오픈된 행거와 달리 거울이 수납된 옷들을 가려주는 일종의 가림막 역할을 한다. 오! 거울이 가려주니 좋네! 😊

하지만 이 미니 행거 역시 오픈된 형태! 그러니 옷 무덤이 되지 않도록 관리가 필요하며 외출 시 항상 미니 행거에 보관 중인 옷을 먼저 체크하고 이곳에 또 다른 옷 수납이 가능한 상태가 되었을 때 새 옷을 꺼내 입는 습관을 기르는 것이 좋다.

### How to 3 입었던 겉옷은 이렇게!

추운 계절에 입는 부피가 큰 겉옷은 미니 행거에 보관하기 어려워 외출 후 옷장에 다시 넣는 경우가 많다. 아! 뭔가 찝찝한데… 😫

이럴 때는 섬유 탈취제를 옷 구석구석에 뿌리고 베란다 등의 오픈된 곳에서 충분히 통풍시킨 다음 옷장에 넣자. 이는 부피가 큰 겉옷 수납에 대한 부담을 줄이고 주변 공간까지 깨끗하게 유지시킨다. 옷을 통풍시킬 때는 햇볕에 의해 옷감이 손상되지 않도록 햇빛을 피하여 작업하는 것을 잊지 말자.

또 하나! 겉옷을 옷장에 보관하는 경우 세탁된 옷과 입었던 옷의 분류는 필수. 세탁된 옷은 지퍼나 단추를 잠그고 앞쪽을 닫아 보관하고, 입었던 옷은 앞쪽을 오픈시켜 세탁된 옷과 구분하자. 이 방법은 입던 옷을 한 번이라도 더 입고 나갈 수 있게 만드는, 여러 가지 면에서 활용해 보기 좋은 수납법 중 하나이다. 이건 입은 게! 이건 안 입은 게! 오호! 편해라! 😊

## ▌입던 옷을 행거에 수납하기

행거 수납은 옷감 손상은 물론 주위 공간까지 지저분하게 만드는 원인이 될 수 있으니 주의해서 사용하자.

행거 사용 시 꼭 옷걸이 수납이 유지될 수 있도록 노력하고 옷의 종류, 두께, 색상 등으로 나누어 정리하면 깔끔하게 유지, 관리하기 쉽다

## ▌오픈 수납 대신 수납장과 거울 행거 활용하기

구김이 없는 의류들은 오픈 형태의 미니 수납장을 준비해 개인별로 칸을 지정한 다음 상의, 하의를 나누어 세로 수납으로 한눈에 볼 수 있도록 정리하자.

구김이 있는 의류들은 행거가 달려 있는 거울 뒤쪽에 수납하자. 작은 행거라도 옷 무덤이 되지 않도록 관리하는 것은 필수!.

## ▌두툼해서 옷장에 다시 넣어야 하는 겉옷 보관하기

부피가 큰 겉옷은 외출 후 섬유 탈취제를 뿌리고 베란다 등에서 통풍을 시킨 다음 옷장에 넣자.

입던 겉옷은 지퍼나 단추를 오픈한 채로 옷장 안에 보관해 세탁된 옷과 구분하자.

세탁된 겉옷은 앞쪽을 닫아 보관하면 입던 옷과 새 옷의 구분을 쉽게 할 수 있다.

# 옷장 공간이 부족하다면? 옷걸이 마법

옷장 수납에 절대 빠질 수 없는 옷걸이! 하지만 옷걸이라고 해서 다 같은 옷걸이가 아니라는 점!
어떤 형태와 스타일의 옷걸이를 사용하느냐에 따라 보이지 않던 공간이 나타나거나 좁았던 공간이 넓어지는 등
옷걸이 선택만으로도 마법처럼 공간을 만들어 활용할 수 있다. 나와라! 얍!
그렇다면 옷걸이의 어떤 부분을 체크해야 좁은 옷장에 또 다른 공간이 생기는 마법이 일어날까?

✱ 패딩을 옷장 하단 보관 시 빨래망에

패딩을 옷장 아래 공간에 보관 시 빨래망
에 넣어보자. 옷의 먼지 방지와 통풍 해결
은 물론 수납된 공간이 더욱 깔끔하게 정
리된 느낌까지 더해져 1석 3조의 효과를
얻을 수 있다.

## ❶ 옷걸이, 체크 포인트 세 가지

### Check 1 옷걸이 위 후크를 체크해 아래 공간 확보하기

후크 길이의 길고 짧은 정도에 따라 옷이 걸려 있을 때의 전체 길이 차이
는 생각보다 엄청나다. 그렇기 때문에 수납 공간이 항상 아쉬운 좁은 옷
장이라면 긴 후크보다는 짧은 후크의 옷걸이를 사용해 옷 아랫부분에
새로운 수납 공간을 만들어주는 것이 좋다. 아래 공간 나와라! 얍!

　새롭게 확보된 공간의 높이가 낮다면 낮은 수납함을, 높이가 높다면
키 큰 수납함이나 종이백 수납함 등을 활용해 계절 액세서리나 구김이
없는 의류 등을 수납하자. 좁은 공간 속의 수납 고민을 조금은 덜 수 있
을 것이다.

### Check 2 옷걸이 두께를 체크해 옆 공간 넓히기

지금 나의 옷장 속에 두툼한 옷걸이들이 있다면 이 옷걸이들 역시 바꾸
자. 옷걸이 두께만 바꿔도 옆 공간에 여유 공간을 더 많이 확보할 수 있
어 그만큼 더 많은 양의 옷을 수납할 수 있다. 이때 어깨 뿔이 걱정되는
의류들은 어깨를 보호하는 옷걸이를 사용하고, 두꺼운 니트류나 구김
걱정이 없는 의류는 되도록 접어서 수납하자.

🛒 구매처 이케아

낮은 수납함(스투크)   🔍

옷걸이 구매 전에는 후크 길이를 꼭 체크하자.

**후크 길이가 긴 옷걸이라면?**

**후크 길이가 짧은 옷걸이라면?**

아래 공간 확보가 어려워 공간 활용도가 떨어진다.

아래에 새로운 수납 공간이 생겨 공간 활용도가 높아진다.

**확보된 공간이 낮다면**

**확보된 공간의 높이가 여유 있다면?**

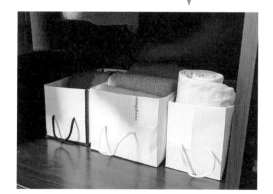

높이가 낮은 형태의 수납함을 사용해 공간을 활용하자.

키 큰 수납함이나 종이백 수납함 등을 활용해 부족한 수납 공간에 대한 고민을 덜어보자.

✅ 종이백 수납함 만들기 보러 가기 (149쪽)

## ✽ 얇은 옷걸이 선택 요령

얇은 옷걸이는 옷을 걸었을 때 쉽게 휘지 않는 탄탄한 강도의 옷걸이를 선택하는 것이 좋고, 후크 위치 또한 중앙이 아닌 살짝 옆쪽에 위치한 것으로 선택하자.

후크의 위치가 옆쪽에 있는 옷걸이를 사용하면 옷걸이에서 옷을 넣고 빼는 과정이 훨씬 수월하고, 옷의 목 부분이 늘어날 걱정 또한 없다.

🛒 구매처 이케아

| 옷걸이(스프루티그) 🔍 |

이는 옷장의 옆 공간 활용에 또 다른 도움을 줄 수 있는 방법으로 평소 옷장의 수납 공간을 더 확보하고 싶거나 조금 더 여유로운 수납하고 싶을 때 함께 병행하면 좋다.

여유로운 수납 공간은 평소 옷을 수납하는 과정 역시 수월하게 만들고, 옷을 넣고 뺄 때 발생하는 옷감 손상까지도 예방한다.

그러니 '옷걸이의 두께 체크', '걸어놓을 옷과 접어놓을 옷의 분류'! 이 두 가지 방법을 활용해 여유로운 수납 환경이 될 수 있도록 해보자. 오호~ 좋구면~! 😊

이때 접어서 보관하는 의류들은 옷장과 연결되어 있는 서랍을 활용하거나, 앞에서와 같이 옷 아래 공간에 만들어 둔 수납함 또는 종이백을 활용하여 세로로 수납하자. 접어서 수납하더라도 이렇게 같은 동선의 보관 및 한눈에 보이는 세로 수납을 하면 사용과 정리가 더욱 효율적으로 바뀐다.

☑ 세로 수납법 보러 가기 (88쪽)

두꺼운 옷걸이는 옆 공간 활용에 방해가 될 뿐 아니라 옷장에 걸 수 있는 옷의 양 또한 줄어든다.

옆 공간을 활용하고 싶다면 옷걸이의 두께를 얇은 것으로 선택하자.

### Check 3 우리 집 옷장 공간에 맞춰 옷걸이 고르기

바지 옷걸이 역시 어떤 형태를 선택하느냐에 따라 활용할 수 있는 옷장 공간의 위치와 크기가 달라진다. 바지 옷걸이는 집게형과 'ㄴ'형의 두 가지를 가장 많이 사용하고 있으니, 활용하고 싶은 옷장 공간의 위치에 맞춰 선택해서 사용하자. 음… 어떤 걸로 할까나? 🤔

옷장의 옆 공간을 활용하고 싶을 때는 수납의 형태가 조금 더 슬림하게 수납될 수 있는 집게형 옷걸이를 선택하자. 이때 집게 부피에 따라 옆 공간의 크기가 달라질 수 있기 때문에 집게형 옷걸이를 선택할 때는 이 집게 부분의 부피가 슬림한 것이 좋다. 단, 집게형 옷걸이의 경우 옷장 아래 공간이 어느 정도 확보가 되어 있어야 바지를 구김 없이 보관할 수 있기 때문에 바지 길이와 바지를 수납할 옷장 공간의 세로 길이 역시 꼼꼼하게 체크하자.

다음은 'ㄴ'형 옷걸이. 이 옷걸이는 옷장 아래 공간이 낮아 집게형 옷걸이를 사용할 수 없거나, 옷장의 옆 공간보다는 아래 공간을 활용해 수납을 하고 싶을 때 사용하기를 추천한다. 그리고 집게형 옷걸이와는 달리 툭툭 걸치는 스타일의 수납을 할 수 있어 평소 바지뿐 아니라 목도리나 스카프, 수건 등 조금 더 다양한 물건 수납에도 활용할 수 있다. 옷걸이에 바지를 수납할 때는 옷의 위치를 한 방향으로 통일시켜 수납하는 것이 좋으며, 특히 'ㄴ'형 옷걸이는 바지를 반드로 접어 보관하는 만큼 볼록한 바지의 뒷부분이 아닌 반듯한 앞부분이 바깥쪽으로 보이게 수납하는 것이 공간을 더 깔끔하게 연출하는데 도움이 된다.

✱ 'ㄴ'형 옷걸이 선택 요령

옷걸이의 형태만 보고 구매하지 말고 옷의 무게를 단단하게 견딜 수 있는 스틸 소재인지, 옷의 미끄러짐을 방지해 줄 수 있는 제품인지 꼼꼼하게 체크한 다음 구매하도록 하자.

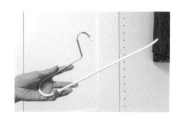

옆 공간 활용이 필요할 때는 집게형 옷걸이

아래 공간 활용에 좋은 'ㄴ'형 옷걸이

**✱ 옷걸이만 똑같아도 편해지는 정리**

평소 빨래를 건조할 때도 옷 수납에 사용하는 옷걸이와 똑같은 것으로 통일해 사용해 보자. 건조된 옷 그대로 옷장에 바로 수납할 수 있어 옷걸이를 교체해야 하는 수고로움을 덜어준다. 어맛! 편해라! 진짱 꿀팁! 🙂

# ❷ 옷장을 더 깔끔하게 하는 두 가지 방법

### How to 1 **옷걸이 통일의 효과**

이곳저곳 여러 공간을 늘리기도, 줄이기도 하는 신통방통한 옷걸이의 마법은 또 있다. 바로 똑같은 수납을 해도 이 옷걸이 하나로 수납된 공간의 느낌이 완전히 바뀐다는 것! 그래? 어떻게? 🙂

그건 바로 옷걸이의 통일! 옷걸이를 다양한 모양과 색상으로 뒤죽박죽 섞어 사용할 경우 아무리 옷을 깔끔하게 정리해도 어딘가 정리가 덜 된 듯한 어수선한 느낌이 계속 남게 된다. 그렇기 때문에 옷장 속 옷걸이는 되도록 같은 종류와 같은 색상으로 통일하여 사용하는 것이 좋다.

인테리어에서 전체적인 분위기를 결정하는 요소가 조명이라면, 옷장 안에서의 분위기를 결정하는 요소는 옷걸이. 정말 별것 아닌 것 같은 이 '옷걸이의 통일'은 같은 수납을 하더라도 그 공간을 더욱 깔끔하고 정돈되어 보이게 한다.

**before**

공간을 아무리 깔끔하게 정리해도 모양도 색상도 제각각인 옷걸이를 사용하면 산만하고 지저분하게 보인다.

**after**

옷걸이의 종류와 색상을 통일시켜 옷장을 깔끔하고 정돈된 공간으로 만들어보자.

**How to 2  소매 정리의 중요성**

옷장에 옷을 걸어 수납할 때, 소매 정리 여부에 따라 옷장의 느낌이 확연하게 달라진다. 주머니가 있는 외투는 옷을 걸었을 때 바깥쪽에서 보이는 소매의 한쪽을 같은 쪽 주머니에 넣어 수납해 보자. 그리고 주머니가 없거나 구김이 갈 수 있는 옷들은 소매를 주머니에 넣듯이 옷 앞면의 안쪽으로 살짝 넣어 정리하면 좋다.

별것 아닌 것 같은 이 행동 하나가 자칫 너저분해질 수 있는 좁은 옷장을 더 깔끔하게 만들어준다. 특히 미닫이문 형태인 옷장의 경우 이 소매 정리 수납을 하면 문을 여닫을 때 소매의 걸리적거림이 없어져 소매 부분의 손상 또한 방지할 수 있다. 아~ 내 소매 단추… ㄲㄲ

귀찮다고? No! 딱 1초만 투자하자! 옷장에 옷을 걸 때는 소매를 주머니에 쏙~! 또는 옷 앞면의 안쪽으로 쏙~! 딱! 1초 켄!

**before**

옷장에 겉옷 수납 시 주머니가 있는 외투는 바깥쪽에서 보이는 소매의 한 쪽 부분을 같은 쪽 주머니에 넣어 수납하자. 공간이 훨씬 깔끔해진다.

**after**

구김이 가는 옷이나 주머니가 없는 옷은 소매를 옷 앞면의 안쪽으로 살짝 넣어 정리하면 OK!

## 옷장 구석구석을 놓치지 마세요

좁은 옷장에서 수납은 자그마한 자투리 공간 하나까지도 끌어모아 수납해야 하는 경우가 많다.
그러니 별 계획 없이! 보이는 대로! 옷을 수납하기보다는 좁더라도 최대한 공간 활용을 할 수 있는 방법을
찾아 계획하며 수납하는 것이 좋다.

### ❶ 길이 수납으로 아래 공간 확보하기

옷장 수납에는 다양한 방법들이 많이 있지만, 그중에서도 옷을 길이별
로 걸어주는 길이 수납은 옷장 아래 공간을 확보할 수 있는 수납 방법 중
하나이다. 옷장 아래쪽으로 수납 가능한 공간이 있다면 그런 곳에는 먼
저 옷들을 길이별로 걸어 수납한 다음 짧은 옷들 아래 생기는 공간을 확
보하자.

　확보된 이 공간에는 압축 선반을 활용해 또 다른 종류의 옷들을 수납
하거나, 종이백 수납함을 두어 지저분해 보일 수 있는 옷이나 소품을 보
관하면 좋다.

　만약 액세서리 공간이 부족한 옷장이라면 이곳에 다양한 사이즈의 유
닛청 수납함을 두고 넥타이, 벨드, 징깁 등의 기타 액세서리들을 수납하
는 것도 도움이 될 수 있다.

✔ 종이백 수납함 만드는 법 보러 가기 (149쪽)

## ❷ 압축 선반으로 위 공간 활용하기

높이가 유독 높은 선반의 경우 위 공간까지 알뜰하게 활용하기 위해 옷을 무작정 높이 쌓아 올리는 경우가 많다. 그럼 어쩌! 위 공간 아깝잖아!

공간을 더 똑똑하게 활용하고 싶다면, 옷장 폭에 맞는 압축 선반을 설치해 보자. 선반으로 위아래를 나누면 위 공간을 무리 없이 효율적으로 활용할 수 있고, 다양한 옷을 종류별, 색상별로 분류해 정리할 수도 있어 수납이 더욱 체계적으로 바뀐다.

냉장고 수납장에서 활용했던 것(38쪽)처럼 이 압축 선반의 깊이를 옷장의 깊이보다 조금 더 짧은 것으로 준비하자. 이렇게 하면 공간이 답답해 막아줄 뿐만 아니라, 아래쪽으로 수납된 옷들의 사용과 정리가 더 편해진다.

압축 방식의 선반들은 대부분 선반을 늘리면 늘릴수록 하중이 약해지기 때문에 최대한 많이 늘리지 않고 처음부터 어느 정도 공간에 딱 맞는 길이를 선택해 설치하는 것이 좋으며, 압축 선반의 바닥 판이 없거나 선반의 늘림으로 인해 바닥 판이 부족해 옷 수납이 불편할 때는 하드보드지 또는 택배 포장에 사용된 종이판 등 주변의 두꺼운 판을 재활용해서 깔면 안정감 있는 바닥 판의 역할을 톡톡히 한다. 바닥 판을 살 필요가 없구면~

🛒 구매처 이케아

인출식 수납 유닛(소프로트)

### ▌옷장 아래 공간 만들기

옷을 길이별로 구분해서 걸면 짧은 옷들 아래의 공간을 확보할 수 있다.

압축 선반과 종이백 수납함을 활용해 옷이나 소품 등을 수납하면 Good!

액세서리 수납 공간이 부족한 경우 다양한 유닛 수납함을 두고 활용해도 좋다.

옷 수납 후 생기는 틈새 공간에 언더 선반과
바구니 등을 설치해 작은 잡동사니들을
보관하자.

조금 더 낮은 틈새라면 레일 바스켓을 설치해
스카프, 장갑 등 작은 소품들을 수납하면 Good!

### ❸ 버려질 수 있는 공간에는 언더 선반과 레일 바스켓

좁은 옷장이라 해도 '아~ 여기는 좀 아깝다!', '이 공간도 충분히 사용할 수 있겠는데?' 하는 마음이 드는 틈새 공간이 간간이 보인다. 이럴 때는 틈새 공간을 알뜰하게 활용할 수 있게 도와주는 수납 용품을 이용하자.

특히 아이들 의류나 액세서리는 사이즈가 작고 모양 또한 다양해 이런 틈새 공간을 활용하면 수납에 많은 도움이 된다.

주방 편에서 보았던 언더 선반(28쪽)은 압축 선반과는 달리 작은 공간을 조금 더 쉽게 활용할 수 있게 도와주고, 설치와 제거 역시 간단해 그때그때 공간의 틈새에 맞게 사용하기 좋다.

그러니 평소 옷 수납 후 위쪽에 틈새 공간이 생겼다면, 언더 선반과 바구니 등을 활용해 각종 액세서리나 자주 사용하는 연고, 로션 등 작은 잡동사니들을 수납해 보자. 분명 좁은 옷장 속 훌륭한 수납 공간이 되어줄 것이다.

낮은 틈새에는 높이가 낮은 레일 바스켓을 설치해 스카프, 장갑 등 자그마한 소품들을 넣어주면 좋다. 서랍 형식의 레일 바스켓은 버려질 수 있는 낮은 공간을 살려주며, 사용하기도 편하다.

단, 레일 바스켓은 옷장 본체에 선반이 일체형으로 고정되어 있는 곳에는 사용할 수 없으니 우리 집 옷장의 선반 스타일부터 체크하고 선택하자.

## ▌ 옷장 위 공간 활용하기

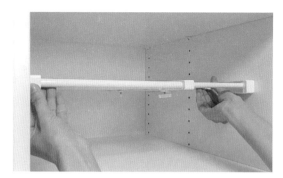

높이가 높은 선반에는 압축 선반을 설치해 위아래 공간을 나누면 더욱
체계적인 수납 환경을 만들 수 있다.

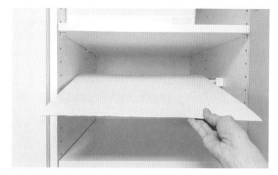

바닥판이 없는 압축 선반은 하드보드지나 두꺼운 종이판 등을 재활용해
안정감 있는 바닥을 만들어 사용하자.

압축 선반과 옷장 깊이가 비슷하면 옷을 넣고 꺼내는데 불편할 수 있다.

압축 선반의 깊이가 옷장 깊이보다 짧으면 공간이 덜 답답하고 아래쪽에
수납된 옷을 편하게 꺼낼 수 있다.

구매처 인터넷 쇼핑

압축 선반

# 수납형 침대를 강추하는 이유

수납 가구는 옷장만 있는 것이 아니다. 옷장의 힘겨움을 조금이라도 나눌 수 있는 또 다른 수납 가구를 찾아 수납의 고민을 해결해 보면 어떨까? 꼭 구비해야 하는 가구들 중 수납까지 함께 해결할 수 있는 제품이 있다면 꼭 그 제품으로 선택하자. 그중 하나가 바로 수납형 침대. 매트리스 아래 공간의 면적을 모두 수납 공간으로 활용할 수 있기 때문에 어차피 필요한 침대라면 수납까지 해결될 수 있는 1+1 기능의 수납형 침대를 활용할 것을 추천한다.

🛒 구매처 에몬스

| 수납형 침대 | 🔍 |
|---|---|

**✱ 지금 당장 수납형 침대가 없다면?**

우선은 리빙박스를 이용해 겉옷만이라도 따로 보관하자. 두툼한 겉옷만 따로 보관해도 사계절의 옷들을 옷장에 보기 좋게 수납할 수 있는 환경이 어느 정도 만들어진다.
이때 리빙박스는 공기가 잘 순환되는 원단 재질, 그리고 안쪽 내용물을 확인할 수 있는 제품으로 준비할 것을 추천한다.

## ❶ 부피 많이 차지하는 것들은 침대 서랍으로!

수납형 침대는 디자인에 따라 다르지만 보통 한 칸의 공간에 총 3벌 정도의 두툼한 겉옷을 수납할 수 있다. 그래서 수납형 침대에는 옷장에서 부피를 가장 많이 차지하고 있는 이불이나 두툼한 겉옷들을 보관하면 그만큼 옷장 공간이 훨씬 더 여유로워진다.

그로 인해 상자 속에 묵혀 있던 여러 종류의 옷들 역시 상자가 아닌 옷장에 자리 잡을 수 있게 되어, 상자 보관과 같은 번거로운 옷 수납을 조금이나마 줄일 수 있다. 상자여 안녕~! 🙂

특히 패딩이나 두툼한 겉옷들은 충전재를 보호하기 위해서라도 거는 것보다 눕혀서 보관하는 것이 좋기 때문에 충전재가 들어 있는 겉옷은 이 수납형 침대를 활용해 수납하면 더욱 유용하다.

## ❷ 겉옷을 손상 없게 보관하는 노하우

수납형 침대에 겉옷을 보관할 때, 습기 방지를 위해 침대 수납장 가장 아래쪽에 벽지를 깔고 그 위로 옷을 정리하자. 보통 의류를 보관할 때 신문지를 사용하는 경우가 많지만 신문지의 잉크가 옷에 그대로 묻거나, 특유의 냄새가 옷에 배는 경우가 많아 평소 신문지 사용은 추천하지 않는다. 으윽! 뭐야 내 옷에 인쇄된 거야?

옷을 보관할 때는 냄새와 오염이 걱정되는 신문지보다 더 깔끔하게 사용할 수 있는 항균 처리 벽지를 활용해 보자. 단, 실크 벽지가 아닌 합지 벽지가 좋으며 색상이 없는 깨끗한 디자인을 선택하는 것이 좋다.

또한 옷을 겹쳐 쌓을 때도 옷과 옷 사이에 벽지를 한 장씩 추가로 깔아주고, 겉옷 주머니 속에 제습제를 하나씩 넣어 보관하면 습기 방지 효과를 더욱 높일 수 있다.

모자가 있는 두꺼운 겉옷의 경우 수납의 위치를 반대 방향으로 하나씩 교차해 가며 정리하자. 한쪽 방향으로만 계속 수납하면 모자의 부피로 인해 한쪽만 높아져 수납이 불편하기 때문에 교차 보관을 해주는 것이 효율적이다.

✱ 남아있는 벽지가 따로 없다면?

주방에서 사용하는 해동지를 활용하자. 아! 기억 그 해동지! 해동지 역시 습기에 강해 쾌적한 옷 보관에 도움이 되며, 접어서 보관하는 의류 안쪽에도 해동지를 한 장씩 깔아주는 것이 좋다.

✱ 겉옷의 모자 후드털 보관법

옷장 공간이 허락한다면 모자의 후드털은 따로 분리해 옷장 한쪽에 걸어서 수납하는 것이 좋다. 만약 공간이 없다면 수납된 겉옷 맨 위쪽으로 벽지나 해동지를 깔고 보관하자. 옷의 무게로 인해 망가질 수 있는 후드털 모양 유지에 도움이 된다.

✱ 압축팩? 옷을 생각한다면 비추!

두툼한 이불이나 겉옷의 경우 부피를 줄
이겠다는 마음으로 흔히 압축팩을 사용하
는데, 이불과 옷의 기능을 온전히 보호하
고 싶다면 피해야 한다.

압축팩은 오래 보관할수록 옷의 복원이
100% 돌아오지 않기 때문에 부피를 줄이
려 압축팩을 사용했다가 오히려 옷의 기
능이 줄어 아끼는 옷을 버릴 수 있다는 점
을 기억하자. 아앙~ 내 옷 어떻해~!

## 침대 서랍장에 두툼한 옷 보관하기

서랍 속 습기 방지를 위해 아래쪽에 벽지를 깔고 그 위에 옷을 정리해 넣자.

옷과 옷 사이에 벽지를 한 장씩 추가하면 습기 방지 효과 Up!

겉옷 주머니 속에 제습제를 넣으면 습기 방지 효과를 더 높일 수 있다.

모자가 두꺼운 겉옷은 수납의 위치를 반대 방향으로 하나씩 교차하여 넣자.

# 옷장 속 이것들이 불편하면 제거해라!

기성품 옷장의 경우 구성이나 액세서리 등을 필요에 맞게 선택하여 만든 것이 아니다 보니
옷 수납 시 필요 없거나 불편한 부분들이 생길 수 있다. 이 부분들을 그대로 두고 사용하는 건 공간 활용 면에서도
너무 아까운 일. 이럴 때는 과감하게 제거하자.

## ❶ 옷을 더 걸고 싶은데…

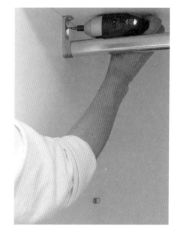

더 많은 옷을 걸고 싶다면 선반을 제거하고
옷봉을 설치하자.

선반이 많은 옷장이지만 옷을 '접는 수납'보다 '거는 수납'을 원한다면 이
선반들을 제거하고 그 자리에 옷봉을 설치해 보자. 옷봉은 인터넷 검색
만으로도 아주 쉽게 구할 수 있으며, 사이즈에 맞게 재단도 해주기 때문
에 설치까지 쉽게 마칠 수 있다.

　물론 처음부터 선반이 아예 없는 옷장을 선택한다면 이런 번거로운
작업을 하지 않아도 되지만 앞으로의 살림이 어떻게 바뀔지는 모르는
일. 살림을 하다 보면 상황에 따라 수납의 형태는 언제라도 달라질 수 있
기 때문에 옷장의 한 칸 정도는 꼭 선반이 함께 있는 제품을 선택해 사용
할 것을 추천한다.

　그래서 이처럼 선반이 필요치 않을 때는 선반을 제거하고, 또 필요하
다면 언제든 다시 그때그때 상황에 따라 설치하여 사용할 수 있는 환경
을 만드는 것이 좋다. 다만 이렇게 사용하기 위해서는 선반의 형태가 옷
장 본체에 고정된 것이 아닌 탈부착이 가능한 것인지를 체크하고 선택
해야 한다.

* **깨알 추천! 전동 드라이버**

살림을 하다 보면 주부들도 종종 무언가를 풀고 조이는 작업을 해야 하는 상황이 생긴다. 이런 작업들이 수월하고, 즐거운 작업이 될 수 있도록 나만의 전동 드라이버 하나쯤은 소장할 것을 추천한다.

주부들 대부분이 공구 사용을 낯설어 하지만 요즘은 여성 취향을 저격하는 공구들도 다양하게 나와 있어, 가정에서 쉽게 사용할 수 있는 작은 전동 드라이버를 준비해 두는 것도 좋다. 살림은 장비빨이라고 했던가? 전동 드라이버 하나만으로도 평소 느껴보지 못한 전문가가 된 듯한 자신감과 함께 살림의 또 다른 즐거움까지 발견하게 될 것이다. 자신감 뿅뿅! 좋아! 이번에는 어디를 바꿔볼까나?

🛒 구매처 인터넷쇼핑

보쉬 가정용 충전 스크류 드라이버 🔍

## ❷ 바지걸이가 너무 불편해!

옷장 하나를 꽉 채우고 있는 바지걸이. 하지만 몇 장 걸면 끝나버리는 이 바지걸이는 좁은 옷장 공간에 너무 불필요한 수납 용품 중 하나이다. 그렇기 때문에 이 바지걸이는 제거하는 것이 좋다.

바지걸이가 제거된 곳에는 옷봉을 설치하고 바지 옷걸이를 사용해 수납을 마무리하자. 같은 공간이라도 훨씬 더 유용하게 활용할 수 있다. 옷걸이에 바지를 걸 때 바지의 방향이 한쪽으로 통일될 수 있도록 관리하면 공간이 더욱 깔끔해진다. 그리고 옷을 넣고 빼는데 마찰이 심하지 않도록 너무 촘촘한 수납 또한 피하는 것이 좋다.

## ❸ 그 외 불편한 부분

그 외에도 옷장 공간 이곳저곳에 수납에 불편함을 주거나 방해가 되는 것이 있다면 언제든 제거하자. 우리 집 옷장도 코너 부분 가장 아래쪽에 있는 작은 문 하나가 공간 활용에 도움이 되지 못하고 수납을 불편하게 해서 바로 제거에 들어갔다.

문에 막혀 있던 자리에 수납 공간이 추가로 생겨 공간 활용이 여유로워졌고, 문 하나를 제거하는 것만으로 짜증 났던 수납이 한결 수월하고 편하게 바뀌어 만족스러웠다.

이처럼 수납을 하는데 무언가 불편하거나 필요가 없는 상황이 생겼을 때는 수납 도구의 간단한 설치와 제거만으로도 수납의 효율성을 높일 수 있기 때문에, 주어진 그대로만 수납하려 하지 말고 그때그때 상황에 맞춰 때론 플러스로! 때론 마이너스로! 수납 공간을 변화시킬 수 있도록 과감하게 시도하자.

**before**

3~4개 걸면 꽉 차는 옷장 속 바지걸이. 수납력이 떨어지는 기존
바지걸이는 과감히 제거하자.

**after**

옷봉을 설치한 다음 바지 옷걸이를 구입해 정리하면 더 많은 양의
바지를 수납할 수 있다.

**before**

코너 아래쪽에 설치되어 사용이 불편했던 수납장 문.

**after**

망설이지 말고 제거하자. 추가로 생긴 공간 덕분에 수납력이 높아진다.

# 이불 칸에 꼭 이불만 있어야 하나요? 더블 수납법

요즘은 침대 생활을 하는 가정이 많아 이불보다 옷 수납이 부족해 고민할 때가 더 많다.
좁은 옷장 속 한 칸을 온전히 이불에게 모두 내어주기에는 공간 활용에 아쉬운 부분이 있다면 이럴 때는 수납의 초점을
이불과 옷을 함께 수납하는 '더블 수납'에 맞추는 것이 좋다. '더블 수납'은 이불 수납뿐 아니라
부족했던 옷 수납 공간까지 함께 찾아주어 효율적이다.

'더블 수납'을 위해서는 이불을 가로로 넓적하게 접는 방식에서 변화가 필요하다. 먼저 각각의 이불들을 크기에 따라 세로의 형태로 3등분 혹은 4등분으로 접은 다음 나머지 부분은 옷장의 깊이에 맞게 접어 수납하면 끝! OK! 접어보자꾸나!

이렇게 이불 접는 방법만 살짝 바꿔도 한 칸의 공간에 이불과 옷을 함께 수납할 수 있고, 좁은 폭으로 수납된 이불들은 기존의 넓적한 수납보다 깔끔한 느낌을 준다. 또한 마찰 면적이 줄어 이불을 넣고 빼는 과정까지 훨씬 더 수월해진다. 캬하~ 일탄삼피구먼! ㅋㅋ

그러니 이불 수납 칸이라고 해서 이불만 자리해야 된다는 편견을 버리고, 공간이 부족하다면 이불과 옷이 함께 병행될 수 있는 수납을 통해 하나의 공간을 두 개처럼 나누어 사용해 보자. 자리 좀 같이 쓰자~! 흐…

이불 접는 방식에 변화가 필요하다. 먼저 이불을 세로 형태로 3등분 혹은
4등분으로 접자.

그리고 나머지 부분은 옷장 깊이에 맞게 접는다.

좁은 폭으로 수납된 이불들이 공간에 깔끔함을 더한다. 남는 공간에 옷봉을
설치하면 옷 수납 자리까지 만들 수 있다.

압축 선반을 설치해 위아래로 나누어 아래는 이불, 위는 옷을 정리하면
공간 활용도가 훨씬 좋아진다.

# 화장대 공간은 넓게! 청소는 쉽게!

우리를 예쁘게 가꾸어주는 화장대이지만 정작 화장대 자신은 지저분한 얼굴로 방치되어 있을 때가 많다.
다양한 용품을 수납해야 하는 화장대는 수납 정리에 신경을 쓰지 못하면 단시간에 먼지와 잡다한 물건들이
수북하게 쌓여 비좁고 깔끔하지 못한 환경으로 바뀌게 된다. 그렇기 때문에 오픈된 화장대는
수납과 정리가 잘되고 있는지 수시로 점검하고 관리하는 것이 중요하다.

## ❶ 화장대 다이어트

효율적인 수납을 위해서는 화장대 안과 밖에 가득 쌓인 많은 화장품과
도구들을 꺼내 정리부터 시작하자. 일명 화장대 다이어트!
수납을 하기 전에는 꼭 정리라는 단계를 거쳐야 하기에 가장 먼저 각종
화장품과 물건들로 인해 늘 뚱뚱한 상태로 방치되어 있던 화장대를 슬
림하고 가볍게 만들자.

유통기한이 지난 화장품부터 방치되어 있는 화장품, 고장 난 각종 도구
까지 버려야 할 물건들이 생각보다 아주 많을 것이다. 헉! 확실히 발견됐다!

자주 사용하지 않는 색조, 여기저기서 받은 샘플, 늘 그렇듯 정리에
걸림돌이 되는 '언젠가는 사용하겠지?'의 제품들까지… 물건들의 상태
에 따라 버릴 건 버리고 나눌 건 나누는 것이 좋다.

만약 정리에 어려움을 느껴 망설이게 된다면 이때는 화장대를 정리한
다는 생각보다 자신이 화장대가 되어 다이어트를 한다는 마인드로 정리
를 시작하자. 빼고 싶은 살만큼 버려야 할 물건들을 조금 더 과감하게 없
애는데 도움이 될 것이다. 사람이든 물건이든 적당한 다이어트는 삶의
질을 높인다. 그러니 우물쭈물 망설이지 말고 지금 바로 정리를 시작하
자. 그래! 못 할 것 없어! 빼 보자고! 아자!!!

## ❷ 분류하고 자리 지키기

정리를 통해 슬림한 화장대를 만들었다면, 이번에는 남아 있는 화장품들을 기초, 색조, 향수, 매니큐어, 기타 도구 등 내가 가지고 있는 물건의 종류에 따라 큰 카테고리를 정해 종류별로 분류해 보자.

분류한 화장품 중에서 매일 사용하는 것들만 최소한으로 골라 화장대 위 오픈된 곳에 수납하고, 그 외 다른 물건들은 두지 않도록 관리하자. 만약 나와 있지 않아야 하는 물건이 보일 때는 그 즉시 바로바로 치워주는 습관도 필요하다.

물건들이 쌓이기 시작하면 수납은 금방 무너져버린다. 그러니 깨끗하게 정돈되어 있던 화장대가 또다시 쌓이고 방치된 물건들로 인해 일순간 무너지지 않도록 주의하자. 화장대 다이어트가 평소에도 꾸준히 이어질 수 있도록 노력해 그득히 살찐 좁은 화장대가 아닌, 널찍하고 쾌적한 슬림한 화장대를 매일매일 만나보자. 아싸! 오늘도 슬림! 슬림!

---

### How to 화장대 위 수납에는 트레이

생활 먼지가 많이 쌓이는 곳 중 하나인 화장대 위! 트레이를 활용해 물건을 수납하면 청소가 더욱 편해진다. 트레이만 들어 쓱-싹 닦아주면 되기 때문에 물건을 하나하나 들어 청소할 때보다 덜 귀찮고 청소에 대한 부담도 줄어 청소를 더 자주 할 수 있는 컨디션이 된다. 들었다 놨다! 들었다 놨다! 아휙! 짜증 나! 이때 튼튼한 재활용 상자들을 활용해 트레이로 사용해 보자. 지저분해지면 언제든 부담 없이 바꿀 수 있어 트레이 안쪽 청소의 부담을 덜어준다. 화장품 세트 상자! 딱이네!

before

after

## ❸ 서랍 정리도 영양가 있게!

화장대 위 수납을 모두 마치고 남은 것들은 화장대 서랍 안쪽에 넣자. 서랍 또한 한정된 공간으로, 너무 가득 차 있는 더부룩한 수납, 무작정 던져 넣는 수납은 하지 않는 것이 좋다. 미안하다! 막 넣었다! 🪨

뒤죽박죽 막무가내로 넣는 수납 습관은 내가 가진 물건의 종류를 파악하기 힘들고, 그로 인해 또다시 똑같은 기능의 물건을 구입하게 되어 영양가 없는 지출까지 생긴다. 뭐야? 두 개나 있었네? 🪨

뒤엉켜버린 수납 공간은 결국 그 공간에 대한 애정까지도 뚝뚝 떨어지게 만들어 유지하고 싶은 수납의 힘을 잃게 만들기 때문에 물건마다 종류별로 각각의 구역을 나누어 한눈에 바로 볼 수 있는 정돈된 수납을 하는 것이 중요하다.

만약 서랍에 물건을 분류할 수 있는 칸들이 없다면 재활용 상자를 활용해 보자. 자그마한 화장품, 다양한 모양의 도구들을 그에 맞는 재활용 상자들에 담아 수납하면 물건을 세분화하여 분류할 수 있고, 각각의 자리가 생겨 사용은 물론 정리도 쉽고 간편하다.

그러니 영양가 없는 수납, 애정이 떨어지는 수납은 이제 그만! 평소 복잡해지기 쉬운 서랍 역시 한눈에 쏙! 한 번에 척! 쉽게 보이고 쉽게 정리할 수 있는 영양가 가득한 수납 공간이 될 수 있도록 만들어보자.

### How to 화장대 서랍 수납에는 재활용 상자

주방 수납 편에서 우유팩을 재활용 했던 것(21쪽)처럼 같은 크기의 상자 두 개를 준비해 입구 부분과 한쪽 면을 자른 후 나란히 겹쳐 그 속에 다양한 물건을 수납해 보자. 그리고 물건의 길이에 맞게 상자를 위아래로 조절해 테트리스 하듯 공간을 활용해 보자. 띠리리릭 띠띠! 뚜루루루 띠띠! 🪨

앞에서도 말했듯이 이런 재활용 상자들은 지저분해지면 언제든 부담 없이 버리고 다시 만들 수 있어 수납 용품 구입과 청소에 대한 부담이 없고 화장대처럼 보관할 물품 종류가 많은 공간에서 더욱더 빛을 발하는 노하우!

그러니 화장품 구입 시 생기는 상자들도 그냥 버리지 말고 서랍 수납에 적극 활용해 보자. 간단하면서도 빠르게! 분류는 쉽게! 그리고 더욱더 여유롭고 정돈된 공간을 만드는데 많은 도움이 된다.

연결된 상자를 고정하고 싶다면 중간에 클립 하나 살짝 꽂기!

before

재활용 상자로 만든 길이 조절 수납함을 테트리스 하듯 맞추어 공간을 알뜰하게 사용하자.

after

서랍에 분류할 칸이 없으면 물건들이 뒤죽박죽 보관될 확률이 높다. 화장대 서랍 역시 재활용 상자들을 활용해 각각의 자리를 만들어 찾기 쉽고 수납과 유지도 쉬운 공간으로 만들자.

# 집중력 높여주는 책상 정리

책상은 집중력을 필요로 하는 작업을 가장 많이 하는 공간이기 때문에 오래 집중할 수 있는 환경과
그 환경을 만들려는 습관을 갖는 것이 아주 중요하다. 책상의 경우 집중력이 높아지는 분위기를 만들기 위해
책상의 성능과 위치, 물건 하나까지도 세심하게 고려해 공간을 채우는데, 사실 '제대로 된 책상 정리'만으로도
집중력을 눈에 띄게 높일 수 있다는 걸 기억하자.

## ✳ 아이 책상 정리에서 더 신경 쓸 것들

아이 책상에는 더욱 다양한 물건들이 많은 만큼 학교에서 받아오는 안내장, 숙제, 보충 교재 등 낱장 형태의 종이 서류도 자기만의 자리를 만드는 것이 좋다. 네! 통신문 어쨌어? 🙂

이때 미션이 해결된 낱장의 서류들은 바로 처분해 현재 필요한 서류 사용에 방해가 되지 않도록 관리하자. 서랍이 없는 책상은 슬림한 슬라이딩 서랍을 책상 아래에 부착해 주는 방법도 활용해 보자. 높이가 낮아 도움이 될까 싶지만 오히려 낮은 높이로 인해 동선에 방해 없이 지우개, 클립, 집게 등 자잘한 용품들을 깔끔하게 정리할 수 있어 쏠쏠한 수납 용품이 된다.

# ❶ 책상 정리를 위한 특급 노하우

### How to 1 **물건마다 각각의 자리 만들어주기**

책상 위 공간은 책, 노트, 서류, 각종 문구류까지 다양한 물건들을 놓고 사용하는 만큼 제대로 수납이 이루어지지 않을 경우 금방 지저분해진다. 이런 환경은 공간을 더욱 비좁고 복잡하게 만들고 시선을 분산시켜 집중력을 떨어뜨리기 쉽다. 그러니 책상 위에는 꼭 필요한 것 외에 너무 많은 물건을 두지 않도록 관리하는 것이 필요하다.

만약 지금 책상 위에 물건들이 아무렇게나 방치되어 있다면, 물건들마다 각각의 자리들을 만들어 깔끔하게 정리하자. '자리 만들기'는 특히 아이들에게 어려서부터 물건을 분류하고 정리하는 힘을 키워주는 것은 물론 자신이 정리한 책상인 만큼 더 많은 애착을 가지고 그 수납을 유지시키려는 마음까지 키워준다.

이렇게 각각의 자리를 만들어 물건을 정리하는 습관은 책상 위에 다른 불필요한 물건들이 쌓이지 않도록 해서 집중할 수 있는 환경을 만들고 공부 도중 물건을 찾느라 집중력을 떨어뜨리는 시간 또한 줄여준다.

조아쓰~ 자리 만들기 시작~! 🙂

### How to 2 자주 사용하는 물건, 손이 잘 닿는 곳에 놓기

휴지, 연필꽂이, 달력, 서류함 등 자주 사용하는 물건은 손을 뻗어 편안하게 잡을 수 있는 거리에 배치하는 것이 좋다. 물건을 꺼내려 몸을 일으키지 않아도 되고, 큰 움직임 없이 책상을 사용할 수 있기 때문에 집중력이 흐트러지는 것도 예방할 수 있다.

책상 서랍에 물건을 수납할 때도 종류보다 사용 빈도에 따라 분류하는 것을 추천한다. 위쪽은 자주 사용하는 물건 위주로 수납하고, 아래로 갈수록 자주 찾지 않는 물건을 수납하는 것! 이렇게 수납을 완성하면 의자에 앉아서도 자주 사용하는 물건을 허리를 굽히지 않고 사용할 수 있어 편리하고 보다 편안한 책상 환경을 만들 수 있다. 내 허리는 소중하니까!

책상 위에 물건들이 방치되어 있다면 물건마다 각각의 자리를 만들자.

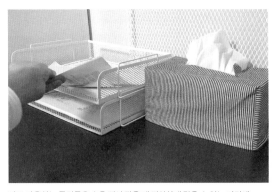

자주 사용하는 물건들은 손을 뻗어 잡을 때 편안하게 닿을 수 있는 거리에 배치하는 것이 좋다.

학교 안내장, 숙제, 보충 교재 등 낱장 형태의 종이 서류 보관을 위한 자리도 따로 만드는 것이 좋다.

🛒 구매처 이케아

서류함(드뢰니엔스)      🔍

책상 서랍 위쪽은 자주 사용하는 물건, 아래로 갈수록 자주 찾지 않는 물건을 수납하면 사용이 편리하다.

슬라이딩 미니 서랍은 지우개, 클립 등 자잘한 용품 보관에 안성맞춤!

🛒 구매처 인터넷 쇼핑, 다이소

슬라이딩 미니 서랍, 부착식 서랍      🔍

### How to 3 메모지 쌓이지 않게 메모판 설치하기

책상 위에 쌓이는 메모지들은 책상을 어지럽히는 요소 중 하나. 메모판을 설치하면 눈에 띄기 때문에 메모지가 쌓일 일이 없고, 책상 위도 깨끗해진다.

메모판을 설치할 때, 온도 차이가 많이 나는 외벽에 걸면 판 안쪽 벽으로 곰팡이가 생길 가능성이 매우 크다. 이럴 때는 전체적으로 구멍이 뚫린 매시 형태의 메모판을 사용하자.

원활한 공기 순환으로 곰팡이 걱정 없고 구멍 안으로 벽지 색상이 보여 답답함 없이 시원하고 깔끔한 느낌까지 줄 수 있다. 메모판을 아이들 교육에 적극 활용하는 것도 좋다.

책상 주변에 메모판을 설치할 때 온도차가 많은 외벽이라면 매시 형태의 메모판을 추천한다.

평소 아이들이 먹고 싶은 것, 하고 싶은 것, 되고 싶은 것 또는 가고 싶은 곳 등 미래에 자신이 희망하거나 꿈꾸는 것들의 사진이나 글귀를 붙여 놓으면 공부에 또 다른 동기부여가 될 것이다. 말하는 대로~ 🌸

### How to 4 책상 위에 초록 식물 놓아두기

초록색은 눈의 피로를 줄이고 심리적 안정감 및 집중력 향상에 도움을 주기 때문에 자그마한 소형 화분을 놓아 답답할 수 있는 책상 분위기를 살짝 바꿔보는 것도 좋다.

다만 좁은 책상 위에 화분을 놓으면 자칫 복잡해 보일 수 있기 때문에 책상 환경에 따라 행잉이나 걸어 놓을 수 있는 선반 등을 활용하여 미니 플랜테리어 효과를 내는 것도 좋은 방법이 될 수 있다.

책상 공간이 좁다면 걸 수 있는 선반 등을 활용해 미니 플랜테리어를 완성해 보자.

그리고 너무 많은 컬러의 사용은 집중력을 흐트러트릴 수 있으므로 책상 위 수납 용품들은 되도록 포인트 컬러 1~2가지를 제외하고는 전체적으로 비슷한 계열의 색상들로 배치하자.

집중력을 높이고 싶다면 유리 소재의 책상
상판 보호 용품은 No! 눈부심 없는 책상 패드를
사용하자.

🛒 구매처 이케아

| 책상 패드(스크루트) | 🔍 |
| --- | --- |

### How to 5　집중력과 건강을 생각한다면, 유리 사용은 No!

상판 보호를 위해 책상 위에 유리를 깔아놓기도 한다. 하지만 집중력을 높이고 싶다면 유리 사용은 그만! 유리를 통해 햇빛과 조명 등이 반사되어 집중력을 약하게 만들고 눈의 피로까지 쌓인다.

　만약 책상 상판을 보호하고 싶다면 유리가 아닌 책상 패드를 사용하자. 패드 역시 책상 상판 색과 비슷하거나 동일한 색상을 배치하면 어수선함 없이 정돈된 느낌을 줄 수 있다.

## ❷ 멀티탭 완벽 정리법

**before**

**after**

책상 아래 전선은 공중 부양
형태의 전선 박스를 사용해 정리하자.

책상은 책이나 서류 외에도 데스크톱 컴퓨터, 태블릿 PC, 휴대전화 등 전자기기 등의 사용 또한 많은 곳이다. 평소 책상 위 공간을 늘 깨끗하게 정리하더라도 많은 전선과 멀티탭 등이 얽혀 있는 책상 아래 공간은 언제나 복잡하고 너저분한 모습으로 방치되는 경우가 많다. 으~ 저걸 어쩌~

🐶 책상 아래에 있는 전선이나 멀티탭 역시 책상 위와 마찬가지로 깔끔하게 정리할 필요가 있으며 이는 책상 생활에 불편함을 덜어주고 공간 전체의 분위기 또한 바꿔줄 수 있는 작업으로 '내일 해야지' 하며 미루지 말고 바로 정리에 들어가자.

　전선과 멀티탭은 '바닥 거치 형태의 전선 박스'보다 버려지는 공간을 활용하여 수납할 수 있는 '공중 부양 형태의 전선 박스'를 사용해 정리하자. 사진과 같이 공중에 설치할 수 있는 전선 박스는 책상 위에서 공간을 뺏거나 반대로 책상 바닥에서 발이나 청소기에 걸리적거리는 불편함이 없고 더욱 알찬 공간 활용과 유용한 정리가 가능하다. 오! 넓고 깨끗하게! 🐶

　공중 부양 수납 시 전선 박스 쪽으로 모이는 나머지 전선들의 처리는 케이블 타이로 묶어 책상 뒤쪽으로 붙여 감추자. 요즘은 전선 처리를 돕는 용품 또한 다양하게 판매되고 있어 전선의 개수와 굵기, 공간에 따라 전선 처리 용품을 선택해서 활용한다면 더 깔끔한 정리를 할 수 있다.

또 하나! 책상 아래에 파일꽂이나 두 개의 압축봉만 설치해 주어도 멀티탭을 아주 간단히 공중 부양시킬 수 있다. 단, 이렇게 오픈된 형태의 수납은 전선 사용이 많지 않은 책상에 사용할 것! 휴대폰, 스탠드 조명 등 간단한 전선을 정리할 때 활용하기 좋다.

이렇게 책상 밑 전선과 멀티탭은 공중 부양을 통해 공간에 맞게 정리하고 수납하여 편안하고 깔끔하게 사용하자. 좁은 공간이라도 제대로 정리만 한다면 그 이상의 공간으로 사용할 수 있는 환경을 만들 수 있다.

**❊ 멀티탭에 이름표를!**

멀티탭의 경우 어떤 제품의 코드인지 헷갈릴 때가 많다. 누구나 년?! 이럴 때는 빨대를 재활용해 각각의 코드마다 이름표를 만들자.

빨대를 적당한 크기로 잘라 한쪽만 세로로 쭉~ 잘라주고 해당 전자기기의 이름을 적은 다음 코드 선 앞쪽에 빨대의 잘린 부분을 살짝 벌려 걸어주면 끝.

빨대의 경우 다시 말리려는 성질이 있기 때문에 이렇게 잘라서 걸어만 주어도 눈에 잘 띄는 이름표를 아주 간단히 만들 수 있다. 오회! 한눈에 쏙~!

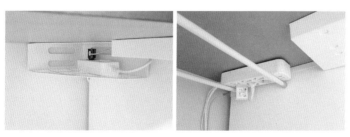
공중 부양 수납 후 보이는 전선들은 전선 처리 용품을 활용해 책상 뒤쪽으로 붙여 깔끔하게 정리하자.

전선이 많지 않다면 파일꽂이나 두 개의 압축봉으로 멀티탭을 공중 부양시킬 수 있으니 활용해 보자.

🛒 구매처 인터넷 쇼핑

멀티탭 정리함(포인트앤엣지)

# 욕실과 욕실장, 넓고 깔끔한 정리 수납

욕실 공간은 유난히 자잘한 용품 사용이 많은 곳! 이 자잘한 물건들의 자리를 하나하나 만들어줘야 하는 곳이 바로 욕실.
만약 욕실 공간이 좁다면 수납장의 크기 또한 좁고 협소할 수밖에 없기 때문에 당연히 수납 공간이 부족하기 마련이다.
이런 경우 좁은 욕실과 수납장을 조금 더 효율적으로 활용할 수 있는 방법을 찾아 적용해 보자.

## ❶ 이거 하나면 욕실 수납장 공간 Up!

욕실 안 좁은 수납장의 공간은 어떻게 활용해야 조금 더 효율적으로 사용할 수 있을까? 그건 바로 수납장의 선반 수 늘리기!

좁은 수납장의 경우 수납 공간 또한 많이 부족해 욕실용품 몇 개만 올려놓아도 선반 하나가 금방 꽉 차버리는 경우가 대부분. 심지어 키가 작은 욕실용품 또한 많아 수납이 부족하게 되면 '물건 위에 또 다른 물건 쌓기'와 같은 불편하고 불안한 수납까지 하게 된다.

지금 나의 욕실 수납장이 그렇다면 '임의 선반 활용법' 즉, 선반과 선반 사이에 임의로 선반 하나를 더 만들어 수납 공간을 늘리는 방법을 활용하자. 임의 선반을 활용하면 여러 칸의 수납 공간이 추가로 생겨 수납해야 할 물건을 불편함 없이 체계적으로 정리할 수 있고, 물건 위에 불안한 형태로 물건을 쌓는 일 또한 줄여 수납된 물건들이 바닥 또는 변기 안으로 떨어지는 짜증스러운 상황까지 예방한다. 으아~ 저걸 어떻게 꺼내!

하지만 깊이가 좁은 욕실 선반이 많아 임의로 선반을 만들고 싶어도 깊이에 맞는 선반을 찾기가 쉽지 않은 편. 이럴 때는 수납장 깊이에 맞게 따로 설치할 수 있는 압축봉을 활용해 선반을 만들어보자.

키 큰 용품이 수납될 칸만 제외하고 나머지 칸은 선반과 선반 사이에

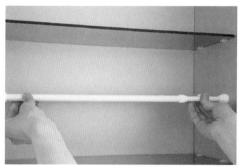

좁은 수납장! 선반과 선반 사이 압축봉 2개를 나란히 설치해 또 다른
선반을 만들자.

압축봉을 활용하면 공간에 맞춰 선반을 만들기 쉬워 좁은 수납장을
100% 활용할 수 있다.

압축봉 선반은 바닥이 오픈되어 있어 수납함을 추가로 활용해 안정감
있고 깔끔하게 정리하는 것이 좋다.

비누 케이스와 같은 각진 형태의 용품들은 압축봉 사이에 걸쳐
수납하면 OK!

압축봉 2개를 나란히 설치해 또 다른 선반을 만드는 것이다. 오! 정말 선반이 되네? 😊

하지만 압축봉으로 설치된 선반들은 바닥 공간이 없기 때문에 크기가 작은 욕실용품을 하나씩 낱개로 수납하기는 힘들어 다양한 크기의 물건들을 안정감 있게 올릴 수 있도록 납작한 형태의 수납함을 이용하는 것이 좋다. 특히 자잘한 크기의 물건은 더욱 더 수납함을 활용하는 것이 깔끔하기 때문에 평소에도 종류별로 분류하여 수납함에 정리할 것을 추천한다. 확실히 더 깨끗하게 정리되는 군! 😊

키 큰 용품은 수납장 맨 아래 칸에 두어 수납장 내부 공간을 안정감 있게 만들고, 길고 자주 교체해야 하는 칫솔과 같은 소모품들은 키 큰 용품들 옆에 나란히 세로 수납을 해서 빠르고 편리하게 찾아 사용할 수 있는 환경을 만들자. 그리고 비누 케이스와 같이 각진 형태의 용품들은 두 개의 압축봉 사이에 걸쳐 수납하고, 작은 타월이나 세안 퍼프 등의 물기가 있는 용품들은 압축봉에 후크 집게를 활용해 걸면 더욱 편리하고 유용한 욕실 수납 환경을 완성할 수 있다.

## ❷ 보일 듯 안 보이는 수납!

수납장에 수납되는 물건들은 문을 열었을 때 바로바로 찾기 쉽도록 투명한 수납함을 활용해 정리하자.

욕실은 아수 자잘한 용품부터 큼지막한 용품까지 정말 다양한 용품들을 사용하는 공간이기 때문에 물건의 수납이 제대로 이뤄지지 않을 경우 순식간에 어수선하게 변할 수 있다. 욕실 수납의 경우 자주 사용하는 물건들을 제외한 나머지는 최대한 보이지 않게 수납장에 정리해 주는 것이 좋으며, 반대로 수납장에 수납하는 물건들은 문을 열었을 때 모든 물건을 쉽게 확인할 수 있는 오픈 수납을 하자. OK! 수납장 밖은 하이드! 수납장 안은 오픈! 😊

즉 수납장 안에 두고 사용하는 수납 용품들은 불투명한 수납함이 아닌 모든 용품을 한눈에 바로 확인할 수 있는 투명한 수납함을 사용해 정리하는 것. 오~ 한눈에 쏘옥 😊

욕실 수납장과 수납함의 적절한 활용은 욕실의 전체적인 분위기를 언제나 깔끔한 상태로 유지할 수 있게 하고, 수납장만 열면 쉽게 물건을 찾을 수 있는 환경 또한 만들어준다.

### ❸ 눕히면 생기는 코너 선반

욕실 벽을 활용해 간단한 수납 공간을 만들 수도 있다. 바로 파일꽂이를 옆으로 눕혀 욕실 코너 벽 한쪽에 설치하는 것. 이곳에는 욕실에서 가장 자주 찾게 되는 세안 밴드, 머리 고무줄, 면도기처럼 가벼운 물건들 위주로 수납하는 것이 좋다.

설치 시 주의할 점은 샤워기 옆과 같이 물이 바로 튈 수 있는 곳은 피하고, 스티커보다 접착력이 강한 글루건이나 실리콘 등을 활용해 고정해 줄 것을 추천한다.

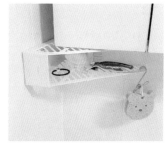

욕실 코너 벽 한쪽에 파일꽂이를 눕혀 설치하면 자주 쓰는 가벼운 욕실용품을 보관하는데 활용할 수 있다.

### ❹ 욕실 문을 활용해 수건 수납하기

욕실 수납에 있어 절대 빠질 수 없는 '수건'. 보통 욕실에서의 수건 수납은 수납장을 활용하는 경우가 대부분으로 수납장 안쪽에 수건을 세로로 세워 정리하는 세로 수납이나 널찍하게 접어 가로로 쌓는 가로 수납을 애용하는 편이다.

문제는 수납 공간이 여유롭지 않은 좁은 수납장! 자칫 부피가 큰 수건을 하나라도 넣게 되면 다른 욕실용품들이 들어갈 자리가 턱없이 부족해 '우리 집 욕실 수납장은 왜 이렇게 작은 거지?'라고 불만을 터뜨리게 만든다. 만약 욕실 수납을 위해 추가 공간이 필요하거나 수납장 말고도 수건 수납 공간을 만들고 싶을 때는 이 방법을 떠올리자. 욕실 문을 활용한 수건 수납! 욕실 문을 어떻게?

욕실 문에 수건을 수납하기 위해서는 네트망과 문걸이 행거만 준비하면 끝! 만드는 방법도 간단해 누구나 쉽게 도전할 수 있다. 네트망을 반으로 구부려 문걸이 행거에 걸면 수납함 완성! 어머 나도 당장 할 수 있겠네?

🛒 구매처 다이소, 이케아

네트망, 문걸이 행거(에누덴) 🔍

네트망의 홈에 문걸이 행거가 맞지 않을 때는 펜치를 사용해 일부를 잘라낸 다음 사용하자.

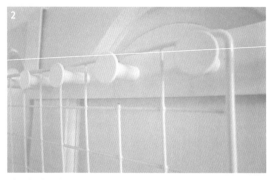

네트망은 후크가 들어가는 한 칸 부분만 잘라주면 끝!

짜잔! 문걸이행거 + 네트망 = 새로운 수납 공간 탄생.

수건을 두 번 접은 후 돌돌 말아 정리하면 깔끔하다.

만약 네트망의 홈이 문걸이 행거에 정확하게 들어가지 않는다면, 펜치를 사용해 네트망의 일부를 잘라내면 된다. 자른 끝부분은 글루건을 한 방울 살짝 묻히거나 스카치테이프로 감으면 더욱 안전하게 사용할 수 있다.

네트망 문걸이 행거가 모두 완성되었다면 수건을 두 번 접은 후 그대로 돌돌 말아 간단하게 정리해 보자. 이 수납법은 좁은 욕실 수납 환경에 여유를 더해주어 정리 정돈이 어렵던 용품이 자기 자리를 찾을 수 있도록 도와주고 가끔은 샤워 후 입을 속옷이나 옷도 넣을 수 있어 일상이 편리해진다. 우리 집 욕실에 수납 공간이 부족하다면 너무 고민하지 말고 수건 수납의 위치를 바꾸거나 추가하여 욕실용품들의 수납 공간을 확보하자.

## ❺ 욕실용품은 가급적 공중 부양 수납하기

욕실에서 자주 사용하는 용품은 조금 더 수월한 사용을 위해 욕실 공간에 보이도록 수납하는 경우가 많다. 이런 욕실용품 중 공중 부양으로 수납할 수 있는 제품들은 되도록 이 방법을 활용하자.

공중 부양 수납은 욕실용품들이 바닥에 닿지 않아 용품과 욕실 바닥에 물때나 곰팡이가 생기는 현상을 막아주고, 청소 시 용품을 하나하나 들어 올리고 또다시 제자리에 내려두는 번거로움 또한 피할 수 있다.

습기 많은 욕실은 공중 부양이지!

자주 사용하는 욕실용품은 공중 부양 수납으로
사용은 편리하게, 보관은 깔끔하게!

# 세탁실과 베란다가 좁다면 이렇게!

세탁실과 베란다는 자칫 잡동사니들의 총 집합소가 될 수 있다. 분명 세탁실과 베란다로 시작된 공간이었는데
어느 순간 우리 집 창고가 되어 버릴 수 있다는 것! 그러니 좁은 세탁실과 베란다 역시 평소 공간 관리가 원활하게
이루어질 수 있도록 계획적으로 관리하자.

---

✱ **세탁기에 빨래 보관할 때**

**중요 포인트**

물기 축축한 세탁물은 절대 넣지 않기. 축
축한 세탁물을 쌓아놓으면 세탁기 내 세
균 번식을 촉진시켜 빨래 쉰내가 발생하
기 쉽고 세탁기 관리에도 좋지 않다.
그러니 축축한 옷이나 수건 등은 건조한
다음 세탁기에 넣자.
그리고 세탁물이 너무 오랫동안 쌓여 있
지 않도록 빨래를 자주 하고, 세탁기의 문
은 세탁할 때를 제외하고는 항상 열어 놓
아 밀폐되지 않도록 관리하는 것도 잊지
말자.

세탁기에 빨래 보관 시 축축한 빨래는 No!
건조된 빨래만 넣도록 관리하는 것이 좋다.

## ❶ 빨래 바구니 없는 세탁물 관리법

세탁실을 베란다에 배치하는 경우가 많은데, 베란다가 좁으면 세탁실 역
시 좁을 수밖에 없고 좁은 공간 때문에 빨래 바구니 하나도 맘 편히 놓지
못하는 경우도 많다.

　밝은색과 어두운색 빨랫감을 구분하여 보관할 수 있게 도와주는 빨래
바구니는 세탁을 훨씬 더 수월하게 만들어준다. 하지만 좁은 공간으로
인해 빨래 바구니를 사용하지 못하면 번거로움과 아쉬움이 생기기 마
련. 아~ 빨래 좀 나눠 놓고 싶다~

　그래도 실망하지 말자! 빨래 바구니가 없어도 옷을 구분 지을 방법이
있으니까! 빨래를 마구잡이로 섞어 세탁기에 넣지 말고 세탁기 안을 반
으로 나누어 빨랫감을 넣는다는 생각으로 왼쪽은 밝은색, 오른쪽은 어두
운색 빨래를 나누어 넣는 꼼수를 부려보자.

　물론 이 방법은 나 혼자만 실천할 것이 아니라, 가족들에게도 빨래를
세탁기에 바로 넣을 때는 빨래 바구니처럼 색상별로 좌, 우로 세탁기에
나누어 넣을 것을 부탁해 가족 모두의 습관이 되도록 하는 것이 좋다. 생
각보다 아주 간단한 이 방법은 이미 오른쪽, 왼쪽으로 빨래의 색상이 어
느 정도 나뉘기 때문에 빨래할 때 뒤죽박죽 섞여 있는 옷들을 색상별로

골라내는 번거로운 작업을 하지 않아도 되고, 그만큼 세탁으로 인해 생겨나는 짜증을 줄일 수 있다. 으~ 먼지! 대체 밝은 옷은 또 어디 있는 거야?

이렇듯 살림하며 발견하는 작은 꼼수들을 그냥 지나치지 말고 다양하게 활용해 보자. 정말 별것 아닌 것 같은 이런 방법들을 살림에 적용하다 보면 살림에 작은 보탬이 되는 것은 물론 살림의 질 또한 높여준다.

## ❷ 틈새 공간 활용하기

좁은 공간에서는 틈새 공간의 적극적인 활용이 수납에 많은 도움이 된다. 그리고 집 안 곳곳 틈새 공간을 활용해 수납하다 보면 가끔은 알 수 없는 쾌감과 함께 성취감까지 느껴질 때도 있다. 으흐~ 하나 해냈다!

그렇다면 좁은 세탁실에서는 어떤 틈새를 활용할 수 있을까? 바로 세탁기와 건조기의 옆 공간! 세탁기나 건조기가 설치된 옆면으로 틈새가 생기는 경우가 많은데 이곳에 맞는 틈새 수납장이나 선반을 두어 추가 수납이 가능하도록 해보자. 만약 틈새 수납 용품을 둘 여유가 없다고 해도 무작정 버려두지는 말자. 휀 좁아! 좁아!

세탁기나 건조기 옆 좁은 틈새에 후크 또는 건조기 자석 도어 클립을 설치해 보너스 수납 공간을 만들어보자.

**before**

**after**

세탁기에 빨래를 넣을 때도 빨래 바구니와 마찬가지로 색깔 옷, 흰옷으로 구분하자.

틈새 수납장 하나 들어갈 수 없는 작은 틈새라도 후크 하나만 있으면 충분히 좋은 수납 공간으로 변신한다. 후크 대신 건조기의 문 닫힘을 방지하는 자석 도어 클립 역시 세로로 세우면 후크처럼 활용할 수 있으니 평소 잘 사용하지 않는 자석 도어 클립이 있다면 활용해 보자. 이때 자석은 견디는 하중이 크지 않기 때문에 가벼운 용품들 위주로 거는 것이 좋고, 도어 클립을 붙일 때는 'u' 모양이 아닌 'n' 모양이 되도록 붙이면 용품들을 조금 더 단단히 받쳐줘 안정감이 더해진다.

### ❸ 좁은 베란다를 넓고 깔끔하게!

세탁실과 베란다를 함께 배치해 공용으로 사용하는 경우, 이 공간에는 세탁용품 외에도 분리수거함 등 다양한 생활용품들이 수납되어 자칫하면 지저분하고 정신없게 보일 수 있다. 그러니 평소 쓸데없는 물건들이 쌓이지 않도록 꾸준히 체크하고 관리하는 것이 중요하다.

특히 좁은 베란다의 경우 지저분함과 복잡함은 배가되고, 들어가기도 싫은 공간이 되어버릴 수 있기 때문에 이런 좁은 공간에서의 수납은 더욱더 그 공간에 맞는 적절한 수납 용품들을 제대로 활용하는 것이 중요하다. 또한 수납할 때는 물건의 종류별 분류와 함께 수납함의 위치까지도 꼼꼼히 체크하여 좁은 공간이라도 조금 실용적으로 사용할 수 있고 동선이 불편하지 않도록 만드는 것이 좋다.

이곳에 놓을 수납 용품의 디자인과 색상은 조금 더 신중하게 선택하자. 좁은 공간에서 사용하는 수납 용품은 그 디자인과 색상에 따라 공간이 더욱 비좁고 어수선해 보일 수 있기 때문에 최대한 밝고 심플한 디자인으로 고르고, 색상 또한 하나의 톤으로 통일시키는 것이 좋다. 이는 좁은 공간에 수납된 물건이라도 시각적으로 조금 더 넓고 깨끗하게, 공간의 전체적인 느낌을 보다 안정된 분위기로 만들어준다.

또한 전자제품이나 가구, 바닥 등 주변에 물건들의 색상에서 포인트 컬러 한두 가지를 정해 그 컬러에 맞춰 수납 용품을 골라 배치하면 공간을 더욱 깔끔하게 연출할 수 있다. 이렇듯 좁은 공간에서의 수납 용품은 수납의 효과 이상의 역할까지 한다는 것을 기억하고 무작정 '예쁘다', '싸다'는 이유만으로 고르고 선택하지 말자.

수납 용품은 밝고 심플한 디자인과 색상으로 통일하여 구입, 배치하면 공간이 더욱 깔끔하고 넓어 보인다.

구매처 인터넷 쇼핑, 창신리빙

수납함(마이룸 리빙박스), 분리수거함

# 공간은 넓게, 찾기는 쉽게! 신발장 정리

신발이 상하지 않으면서 시각적으로도 깔끔하게 정리될 수 있는 수납 환경을 만드는 것이 신발장 정리의 포인트.
좁은 신발장이라고 무작정 아무렇게나 신발을 쌓아 올리거나 뒤죽박죽 정신없는 수납은 No!
수납 공간 확보와 깔끔한 정리 정돈, 이 두 가지를 동시에 해결해 줄 수 있는 신발장 수납법을 만나보자.

## ✱ 운동화 얼룩 지우기

운동화 흰 고무 부분의 얼룩은 라이터 기름을 사용하면 쉽게 지울 수 있다. 작업 시, 장갑과 환기는 필수!

🛒 구매처 슈퍼, 인터넷 쇼핑

> 라이터 기름 🔍

지저분해 보이기 쉬운 신발장에 어울리는 수납법은? 바로 페트병을 활용하는 것. 투명 페트병은 신발만 투명하게 보이는 수납이 가능하기 때문에 신발장 주변 공간을 미관상 해치는 일 없이 신발을 전체적으로 깔끔하게 수납할 수 있게 하고, 무엇보다 신발장 공간을 두 배 넓게 사용할 수 있어 활용해 보기를 추천한다.

신발장을 조금 더 넓고 깨끗하고 안정감 있게 수납하기 위해서는 네모난 형태의 투명 페트병을 준비하자. 먼저 입구 부분을 자른 후 페트병이 'n'자 모양이 되도록 네 면 중 한쪽 면을 자르면 끝. 그리고 'n'자 모양 안으로 한쪽 신발을 넣고 나머지 한쪽은 페트병 바로 윗부분에 올리면 된다. 오! 공간 활용 짱!

이때 페트병 아래쪽은 신발의 뒤꿈치 부분이, 위쪽은 신발의 앞면이 오도록 정리하면 신발 디자인을 한눈에 확인할 수 있는 것은 물론 아래쪽 신발을 수월하게 꺼낼 수 있어 편리하다. 그리고 신발을 왼쪽이면 왼쪽! 오른쪽이면 오른쪽으로 같은 방향으로 맞추어 정리하면 시각적으로 더욱 깔끔하게 정리할 수 있다.

1

네모난 형태의 투명 페트병을 준비한다.

2

페트병의 입구 부분을 잘라낸다.

3

페트병이 'n'자 모양이 되도록 네 면 중 한쪽을 잘라준다.

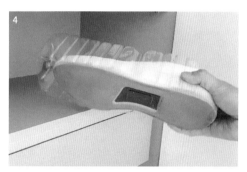

4

뒤꿈치 부분이 앞쪽에 오도록 한쪽 신발을 넣는다.

5

나머지 한쪽 신발은 페트병 바로 위에, 신발의 앞면이 앞쪽으로 오도록 올리면 정리 끝!

# Chapter

3

보관이 애매한 물건을 효율적으로 정리하는 법

물건의 특성에 따라
다양한 수납 방법을 활용해
야무진 수납 환경을 완성해 보자!

나의 스타일에 맞는 수납법 찾기

# 늘 고민하던 그 물건
## 야무지게 보관하는
# 아이템별 수납팁

집 안 곳곳을 살펴보면 보관이 애매하거나 효율적인 정리가 어렵게 느껴지는 물건들이 있다. 집 안 이곳저곳에서 출몰하는 모자, 너저분하게 쌓인 가방은 잘못된 수납으로 원래 형태와 색상이 망가지기도 하고, 매번 사용하는 서랍 속 흐트러진 속옷과 양말, 각종 살림살이의 제품 설명서 역시 보관이 애매하거나 수납을 고민하게 되는 물건 중 하나이다. 특히 아이가 있는 가정에서는 책과 장난감 보관을 어떻게 해야 할지 몰라 아예 정리할 생각을 하지 않거나 손에 잡히는 대로 대충 정리해 두는 경우도 많다. 하지만 이제 고민은 그만! 수납 공간을 정하기 애매했던 물건도 그 특성에 따라 다양한 수납 방법을 활용해 야무지게 보관하자.

# 모자를 야무지게 수납하는 다섯 가지 꿀팁

모자가 많을 경우 모자 수납이 체계화되어 있지 않으면 사용하기에도 불편하고 모자를 찾지 못해 묵혀두고 제대로 쓰지 못하는 경우도 생기게 된다. 그리고 자신의 생활패턴과 맞지 않는 수납은 모자를 상하게 할 수도 있기 때문에 평소 살림 스타일에 맞는 수납 방법을 찾는 것이 중요하다.

## ✻ 뒤쪽에 수납한 모자 쉽게 꺼내는 요령

선반 사용 시 안쪽에 있는 모자를 꺼내기 위해 앞에 있는 모자를 일일이 꺼내야 하는 불편함이 생긴다. 이제 이런 걱정은 그만. 압축 선반 아래에 깐 바닥판을 앞으로 당겨보자. 뒤쪽에 수납된 모자를 쉽게 꺼낼 수 있다. 물론 아래 선반에도 바닥판을 미리 하나 깔면 이 또한 선반 안쪽의 모자를 쉽게 꺼낼 수 있으니 선반에 모자를 수납할 때는 꼭 이 바닥판을 활용해 보자.

· 선반 아래에 깐 바닥판을 앞으로 당기면 뒤에 수납된 모자를 쉽게 꺼낼 수 있다.

## ❶ 모자가 많다면?

### 압축 선반 + 두툼한 종이 활용

압축 선반을 설치해 공간을 위아래로 나누면 많은 모자를 수납할 수 있다. 이때 압축 선반의 바닥판이 없거나 부족할 경우 하드보드지 또는 두꺼운 종이판을 선반 바닥에 깔아 모자 일부가 레일 홈으로 빠지는 것을 방지하자.

압축 선반을 설치했다면 선반 위아래로 모자를 수납하되, 무작정 손에 잡히는 대로 넣지 말고 모자를 색상별, 계절별, 스타일별 등 평소 생활 패턴에 맞게 분류해 사용하기 편하게 수납하자.

위아래를 각각 여름 모자와 그 외 계절 모자, 또는 커브 캡과 스냅백 등 생활 패턴 및 스타일에 맞춰 모자를 수납하면 외출 전 원하는 모자를 찾는 시간도 짧아지고, 사용도 편리하다.

이 수납법은 아이들이 있는 가정에서 활용하면 더욱 좋다. 아이들에게 모자 분류 기준을 미리 알려주고 스스로 계절과 자신의 스타일에 맞춰 모자를 찾고 정리할 수 있게 하자. 매번 모자 위치를 알려주는 번거로움도 없어지고, 아이들 스스로 물건을 분류하고 정리하는 습관도 키울 수 있다. 엄마 바빠~ 알아서 꺼내도록~!

압축 선반을 활용해 위아래로 공간을 나누면 더 많은 양의 모자를 수납할 수 있다.

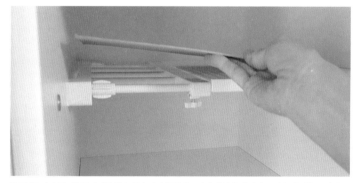

하드보드지나 두꺼운 종이판을 압축 선반 바닥에 깔면 모자가 레일 홈에 빠지는 것을 방지할 수 있다.

## ✱ 모자 오픈 수납 시 주의할 점

햇빛이 들어오는 공간에 수납하지 말 것! 햇빛에 모자의 색이 바래고 원단이 상하기 때문에 옷, 가방 등의 수납도 피하는 것이 좋다.

## ✱ 비어 있는 책장 활용하기

책장에 여유 공간이 있다면 압축봉을 설치해 모자를 수납하자. 특히 자취생은 수납 공간이 여유롭지 않은 편이라 책장을 활용하면 별도의 수납 공간 없이도 모자를 간편하게 정리할 수 있다. 책장에는 책만 수납한다는 편견을 버려랏! 그래. 버리자! 편견!

책장에 여유가 있다면 압축봉을 설치해 모자 수납 공간을 만들어 활용하는 것도 좋은 방법 중 하나.

## ❷ 여러 가지 모자를 자주 쓴다면?

### 압축봉 + 샤워커튼 링으로 오픈 수납

압축봉을 한쪽 코너에 설치 후 모자를 정리해 보자. 만약 압축봉을 설치할 코너 공간이 없다면 브라켓을 사용해도 좋다. 이때 샤워커튼 구매 시 부속으로 들어 있는 샤워커튼 링의 여분이 있다면 버리지 말고 모자 수납에 활용하자.

샤워커튼 링은 한쪽이 오픈되어 있는 형태인데, 이 틈새로 모자의 끈 조절 부분만 쏙~ 넣으면 모자 수납을 쉽게 해결할 수 있다.

샤워커튼 링이 없다면 집게형 고리로 모자 뒤쪽 끈 부분을 집어서 수납해도 된다. 대신 집게의 강도가 너무 강하지 않은 것이 좋고, 플라스틱이나 스웨이드 재질의 끈일 경우 집게 자국이 남을 수 있기 때문에 이런 모자는 되도록 집게형보다 샤워커튼 링을 활용하자.

이 방법 역시 압축봉의 길이에 따라 많은 모자를 수납할 수 있고, 무엇보다 한눈에 바로 찾을 수 있어 평소 여러가지 모자를 자주 착용한다면 꼭 활용할 것을 추천한다. 단, 오픈 형태이기 때문에 모자 사용 횟수가

여러 가지 모자를 자주 쓴다면, 압축봉과 샤워커튼 링 또는 집게형 고리를 활용해 모자를 수납하자. 이때 모자 끈 부분이 플라스틱이나 스웨이드 재질인 경우 집게형 고리는 자국이 남을 수 있으니 샤워커튼 링을 활용하는 것이 좋다.

적거나 평소 청소를 자주 할 수 없다면 이 수납법은 피하는 것이 좋다.

아~먼지 어떡해!

### ❸ 모자의 양이 많지 않고 자주 쓴다면?

**문걸이 행거에 오픈 수납**

문걸이 행거는 이름 그대로 문 위쪽에 행거를 턱~ 걸기만 해도 순식간에 수납 공간을 만들어내는 기특한 제품. 모자가 많지 않다면 이 문걸이 행거를 사용해 보자.

　문걸이 행거는 가로형, 세로형 등 다양한 디자인이 있어 평소 모자의 개수와 수납 스타일에 따라 제품을 선택하면 된다.

　다만 이 수납 역시 오픈 형식이기 때문에 모자에 먼지가 쌓이지 않도록 관리가 필요하며 햇빛에 노출되지 않도록 주의해야 한다.

　후크형 수납은 아무 물건이나 걸어 놓게 되면 자칫 공간이 지저분해

🛒 구매처 이케아

| 문걸이 행거(에누덴) 🔍 |

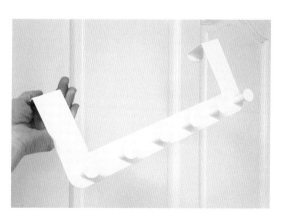

모자가 많지 않고 자주 쓴다면 문걸이 행거를 사용해 보자.

문 위쪽에 걸치기만 하면 간단한 수납 공간 완성. 자주 사용하는 모자를 걸어두면 외출할 때마다 편리하게 사용할 수 있다.

보일 수 있기 때문에 자신의 생활 습관이나 살림 스타일을 체크한 다음 선택하는 것이 좋다. 흠… 난 아무거나 걸어놓을 거 같아~ 이건 패쑤!

모자가 몇 개 되지 않고 자주 사용하지 않는다면 수잡장 속 비어 있는 위 공간에 언더 선반을 설치해 보관하자.

## ❹ 모자 개수가 적고 가끔 쓴다면?

### 수납장에 언더 선반 설치

언더선반 역시 모자 개수가 많지 않을 때 활용하면 좋은 수납용품. 앞서 언더 선반을 활용한 그릇과 잡동사니(28쪽)처럼 모자 역시 언더 선반을 활용하면 깔끔하게 정리할 수 있다. 너 만능이구나?!

꽂으면 바로 수납 공간이 완성되는 제품으로 설치와 사용이 간편해 추천하는 수납법. 수잡장 속 위 공간이 남는 곳에 언더 선반을 설치해 모자를 보관하면 버려질 수 있는 공간을 알뜰하게 활용할 수 있다.

## ❺ 매장 같은 깔끔한 보관을 하고 싶다면?

### 모자 전용 보관함 활용

옷장이나 코너 한쪽에 모자 사이즈만 한 여유 공간이 있다면 '모자 보관함' 사용을 추천. 시중에 다양한 종류의 모자 보관함이 판매되고 있는데, 그중 가로 길이가 짧고 아래쪽으로 길게 늘어진 수납함은 코트 같이 긴 외투를 거는 공간 한쪽에 비치할 수 있다.

옆 공간이 많이 필요하지 않아 부담 없이 설치할 수 있고 한눈에 찾기도 쉽다. 이때 모자를 색상별, 스타일별 등의 기준으로 분류해서 수납하거나, 모자가 많다면 칸마다 하나씩이 아닌 두세 개씩 겹쳐도 된다.

만약 모자를 모두 정리하고도 여유 공간이 남는다면 구김 걱정 없는 의류, 목도리 등을 돌돌 말아 넣는 것도 좋다.

수납함의 아래쪽 공간이 남는다면 그 부분을 들어 올려 집게로 고정하면 아래 공간을 또 다른 형태로 활용할 수도 있다. 오호~ 알차다 알차!

구매처 인터넷 쇼핑

모자 보관함

옷장 코너 한쪽에 여유 공간이 있다면 모자 보관함을 설치해 보자. 구김 없는 의류, 목도리 등의 보관에도 OK! 물건이 없는 칸은 위쪽으로 접어 올려 고정하면 아래 공간을 또 다른 형태로 활용할 수 있다.

# 가방을 소중하게 수납하는 세 가지 방법

명품 가방은 한쪽에 고이 모셔놓는 반면 그 외에는 겹겹이 쌓거나 대충 수납하는 경우가 많은데, 어떤 가방이든 차별은 속상한 일! 명품 아닌 가방들 역시 신경 써서 관리해 주자. 가방은 제대로 수납이 이뤄지지 않으면 변형 및 재질 변질 등으로 수명이 단축되고 미관상 보기도 좋지 않다. 그렇다면 어디에 가방 자리를 만들면 좋을까? 바로 옷장 맨 위! 마땅한 수납 공간이 없을 때는 쓸데없는 잡동사니들만 올려둔 옷장 위를 공략하자.

다만 손이 잘 닿지 않는 공간인 만큼 자주 쓰는 가방은 다른 곳에 따로 보관할 것을 권한다.

### ❶ 파일꽂이 활용

가방 보관에 파일꽂이를 활용해 보자. 다만 파일꽂이는 그 폭에 맞는 가방들만 보관할 수 있어 수납 가능한 가방 종류가 한정될 수 있지만, 평소 폭이 좁아 잘 쓰러지는 가방들 위주로 수납하면 깔끔하면서도 수납을 유지하기 좋은 환경을 만들 수 있다.

🛒 구매처 이케아

접히는 수납함(드뢰나)    🔍

폭이 좁아 잘 쓰러지는 가방들은 파일꽂이를 활용해 보관하자.

높이가 낮아 수납함이 들어가지 않을 때는 접는 수납함을 사용한다.

수납함 입구가 정면에서 바로 보이도록 옆으로 눕혀 책꽂이처럼 배치하는 것이 좋다.

## ❷ 수납함 활용

사용하지 않는 수납함이 있다면 가방 보관에 활용해 보자. 이때 수납함은 똑바로 세우는 것이 아닌 입구가 정면에서 바로 보일 수 있도록 옆으로 눕히는 것이 포인트!

위 공간의 높이가 낮아 수납함이 반듯하게 들어가지 않을 때는 약간의 꼼수를 써서 바닥에 지퍼가 달린 접는 수납함을 이용하면 좋다. 이렇게 옆으로 눕힌 수납함은 책꽂이처럼 가방꽂이 역할을 해줘 잘 쓰러지는 가방들의 지지대가 되고, 쓰러지고 흐트러진 가방들로 인해 너저분한 공간을 깔끔하게, 정리까지 간편한 수납 상태로 유지시킨다.

### ✱ 접히는 수납함 활용 요령

위 공간이 낮아 접히는 수납함을 사용할 때는 수납함의 뒤쪽 지퍼 부분을 열고 각각의 수납함을 집게로 연결시켜 비스듬하게 올린다. 만약 수납함의 가로가 짧아 대각선 형태의 수납함이 쓰러진다면 단단한 하드보드지를 수납함 높이에 맞춰 접고 집게로 수납함과 연결해 고정한다. 오! 수납함들을 딱! 지지해 주는군! 🪨

이때 수납함과 집게 색상은 최대한 공간과 같거나 비슷한 색상으로 선택하면 시각적으로 정돈되어 보인다. 아~ 검정 집게가 없어 아쉽구먼! 😣

## ❸ 종이백 활용

종이백도 가방 수납에 활용해 보자. 간단한 접기만으로도 유용한 수납함을 만들 수 있고 종이백마다 가방을 하나씩 보관할 수 있어 유지도 편하다. 깔끔하게 만들고 싶다면 종이백 색상을 공간과 비슷하게 통일시키고, 높이 또한 일정하게 맞추자.

종이백을 가방보다 조금 낮게 접어 가방 종류를 쉽게 확인할 수 있도록 하고, 가방이 작아 전체가 종이백 안으로 들어간다면 종이백 바닥에 뭉친 신문지를 넣어 가방이 종이백 위로 보이게 하자. 오호! 뿅!!!

보관되어 있는 종이백에 손잡이를 만들면 가방을 꺼내고 넣기 쉽다. 주렁주렁 달린 손잡이가 보기 싫을 경우에는 수납하기 전 납작하게 접은 종이백을 손잡이가 앞쪽으로 오도록 바닥에 깔고 수납하면 아래에 깔린 종이백의 손잡이만 당겨도 위에 수납된 종이백들을 쉽게 앞으로 이동시킬 수 있다. 유후~ 아주 편하구먼~

종이백의 색상과 높이를 비슷하게 맞추면 더 깔끔한 수납 공간이 완성된다.

수납함 높이는 가방보다 낮게 접고, 작은 가방은 종이백 바닥에 뭉친 신문지를 넣어 가방 종류를 쉽게 확인할 수 있도록 한다.

편리한 사용을 위해 수납함에 손잡이를 부착하는 것도 좋다.

납작하게 접은 종이백을 바닥에 깔고 그 위에 수납함을 올린 다음, 바닥에 깔린 손잡이만 당기면 가방을 쉽게 꺼낼 수 있다.

# 종이백 수납함 만들기

① 종이백을 납작하게 접은 상태에서 원하는 높이만큼
접는다.

② 종이백을 다시 펼쳐 접힌 선을 따라 종이백의
위쪽 부분을 안으로 쏙~ 밀어 넣는다.

③ 종이백 손잡이 끈은 제거해도 되지만 나중에 다시
종이백으로 재사용할 예정이라면 접힌 안쪽으로 살짝
밀어 넣으면 된다.

④ 완성된 종이백 수납함에 손잡이를 만들고 싶다면 옆에
구멍을 낸 다음 종이백 끈을 끼우면 끝!

# 속옷과 양말 깔끔하게 보관하는 세 가지 방법

크기가 작은 속옷과 양말은 수납 공간을 뒤죽박죽 정신없는 상태로 만들어버리기 쉬워
조금 더 편하게 정리하고 사용할 수 있게 만드는 것이 좋다. 살림 스타일에 따라 속옷과 양말도
다양한 방법으로 수납할 수 있으니 유지하기 편한 방법을 찾아보자.

### ❶ 서랍 공간 200% 활용하게 하는 폼보드 수납 틀 만들기

속옷과 양말 등을 수납장에 깔끔하게 수납할 때 시중에 있는 수납 용품
을 많이 활용한다. 하지만 시중의 수납 용품은 아무래도 나의 서랍장에
꼭 맞는 크기가 아니기 때문에 데드 스페이스, 즉 사용하지 못하고 버려
지는 공간들이 생기게 된다. 흫… 이 공간들 넘 아깝다!

지금부터 낭비 없이 내 서랍에 꼭 맞는 알뜰하고 깔끔하게 활용할 수납
틀을 만들어보자.

물론 이런 스타일의 수납 용품들이 시중에 판매되기는 하지만 폼보드
를 활용한 수납 틀은 휘어짐 없이 훨씬 더 단단하게 고정시킬 수 있고,
긴 폼보드를 이용해 수납 틀을 일체형으로 만들 수도 있다.

혹 가로가 폼보드보다 더 긴 서랍이라면 폼보드를 추가로 잘라 글루
건으로 연결만 하면 되기 때문에 다양한 크기와 모양의 서랍에 두루두
루 적용할 수 있다. 오~ 공간은 넙! 지출은 다운!

Tip! ✦

# 수납 틀 만들기

**준비물 :** 폼보드, 자, 칼, 재단판, 글루건 *폼보드 한 판의 길이보다 긴 서랍을 만들 때 필요

① 내 서랍에 꼭 맞는 수납 틀을 만들기 위해 서랍 안쪽 가로, 세로 길이를 각각 잰다.

② 폼보드 가로, 세로 길이에 맞게 잘라 가로 틀과 세로 틀을 만든다. 이때 틀 높이는 자신이 원하는 크기로 재단하자. 가로 틀과 세로 틀 개수는 수납할 물건의 양과 크기에 따라 필요한 만큼 재단한다.

③ 각각의 틀 아래에 수납할 물건의 크기만큼 간격을 표시하고, 표시한 부분을 각각 약 0.5cm 폭으로 길게 잘라 홈을 낸다. 이때 자르는 홈의 높이는 가로 틀과 세로 틀 홈을 합쳐 전체 틀 높이가 되도록 표시해 자른다.
(예: 틀의 높이 9cm = 가로 홈 높이 4cm + 세로 홈 높이 5cm)

④ 홈이 서로 마주 보는 형태로 교차되게 조립하면 서랍 공간을 200% 활용할 수 있는 격자 모양의 수납 틀 완성!

　　또한 내가 원하는 용품 크기에 맞게 각각의 칸들을 내 마음대로 재단할 수 있으며 높이까지도 내 서랍에 맞출 수 있어 좋다. 내 서랍은 낮으니 좀 낮게 만들어야지!

　　각각의 수납 공간은 굳이 속옷이나 양말을 하나하나 예쁘게 접어 넣지 않고 간단하게 돌돌 말아 각각의 공간에 넣기만 해도 깔끔하고 정돈되어 보인다. 빨래 접는 시간도 절약되고 정리와 수납의 수고로움도 줄이는 수납 틀! 어서 우리 집 서랍에도 만들어보자. 캬~ 대충 넣어도 유지가 되네!

## ❷ 마시고 모으면 수납함이 뚝딱! 우유팩 수납함 만들기

손재주가 없어 수납 틀 만들기에 자신 없다면 우유팩을 활용해 보자. 빈 우유팩을 세척하고 말린 후 우유팩 위쪽의 접힌 부분만 깨끗이 자르면 이 또한 아주 유용한 수납 용품이 된다. 속옷, 양말 등의 수납에는 200ml 우유팩이 적당하다. 깨끗이 다듬은 우유팩을 서랍 크기에 맞춰 정렬한 다음 양면테이프로 연결하면 끝! 완전 간단하네!

　　우유팩 수납 역시 각각 독립된 칸에 속옷, 양말을 말아 넣으면 빨래 개는 시간을 절약할 수 있고 깔끔한 수납 유지에도 도움이 된다. 돌돌 말아 쏙~! 그러니 기성 용품을 구매하기 전 먼저 재활용품을 간단하게 활용한다면 쇼핑하는 시간은 물론 불필요한 지출까지 막을 수 있는 쏠쏠한 수납법이 될 것이다.

서랍을 버리는 공간 없이 200% 알뜰하게! 정리도 유지도 쉽게 만드는 깔끔한 수납 틀.

공간에 맞게 우유팩을 연결하면 속옷도 양말도 예쁘게 접을 필요 없이 돌돌 말아 쏙~ 깔끔하게 정리 끝!

＊ 200ml 우유팩을 속옷과 양말 수납에 활용해 보자.

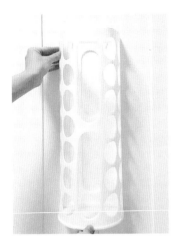

편하고 빠른 속옷, 양말 정리를 원한다면
비닐봉지 정리대를 활용하자.

간단히 휙~ 던져 수납하고 구멍을 통해 언제든
쉽게 꺼낼 수 있다.

🛒 구매처 이케아

비닐봉지 정리대(바리에라)              🔍

### ❸ 이도 저도 귀찮을 때는? 비닐봉지 정리대에 휙~ 던지기

만들기도 모으기도, 속옷과 양말 등을 하나하나 정리하기도 귀찮다면! 이럴 때는 초간단 방법을 활용하자. 바로 비닐봉지 정리대!

이케아 제품인 이 비닐봉지 정리대는 비닐 외에도 옷장 안이나 집 안 한쪽에 간단하게 설치해 속옷이나 양말을 휙~ 휙~ 던져 수납할 수 있고, 물건을 꺼낼 때는 위아래 구멍을 통해서 쉽게 꺼낼 수 있다.

평소 속옷과 양말 수납에 많은 신경을 쓰지 않으면서도 편리한 사용, 깔끔하고 쉬운 정리까지 유지할 수 있는 환경을 원한다면 이 제품을 활용해 보자. 설치만 끝나면 언제든 휙휙~ 끝!~

다만 정리대 하나에 속옷과 양말을 함께 수납하면 물건을 사용할 때 번거로울 수 있으니 정리대를 각각 하나씩 따로 설치해 속옷과 양말을 분류하는 것이 좋다.

# 뒤죽박죽 책들, 똑! 떨어지게 정리하는 방법들

책장을 사용하다 보면 책장뿐 아니라 주변 공간까지도 답답해 보이거나, 책을 꺼내고 정리하는 것조차 불편한 경우가 많다. 이는 책장 수납이 효율적이지 않아 생기는 불편함으로, 책장은 쾌적한 수납 환경을 위해 '책장 공간의 80%만 채워 수납하기' 원칙을 지키는 것이 좋다. 이를 위해서는 책을 비워내는 단계를 절대로 생략해서는 안 된다. 어떻게 비우고, 어떻게 80% 수납을 유지할지 고민이라면 이번 주제에 집중해 보자.

## ❶ 효율적인 책 정리법

자신이 좋아하고 소장하고 싶은 책을 제외하고 다시 읽지 않을 책, 소장까지 필요 없는 책, 오래된 전공 서적이나 백과사전 그리고 시기가 지난 문제집이나 잡지책 등 버리거나 기증 또는 중고로 판매할 책을 하나하나 분류하자. 힝 좀 아까운데? 😿

이때 비워지는 책을 너무 아까워하거나 아쉬워하지 말고 자신이 읽어 보고 좋아했던 책들을 누군가와 나눌 수 있다는 생각으로 정리를 시작하면 마음이 조금 가벼워진다.

효과적인 책 수납을 위해서 정리 단계는 필수!
버리거나 기증 또는 중고 판매할 책을 하나하나 분류하자.

## ✱ 키순서별

작은 키에서 큰 키순으로 책을 정리해 보자.

## ✱ 가나다순별

책 제목의 첫 글자를 따라 가나다순으로
수납하는 방법도 있다.

## ✱ 분야별

문학은 문학끼리, 정보서는 정보서끼리
분야별로 분류하는 것도 좋은 방법!

좋은 책을 나누고 공유하는 일은 누군가에게 더 많은 깨달음과 에너지를 주는 일이기도 하기 때문에 책 비움은 우리 집 책장 공간의 효율적인 수납뿐 아니라 다른 이들에게도 유익한 작업이 될 수 있다는 것을 기억하자.

비워낸 책들은 어떻게 효율적으로 수납할 것인지 생각해 보고 답답한 책장과 불편한 책 수납에 도움이 되는 방법을 찾아보자.

"책은 어떤 식으로 분류해야 찾는데 불편하지 않을까?" 보통 책을 키순서, 출판사, 작가, 제목 등으로 정리하기도 하고, 또는 자기만의 책 분류법을 정해 수납하기도 한다. 음… 난 내가 좋아하는 순서로 넣어 봐야지! ☺

만약 특별한 기준이 없다면 분야별로 정리하자. 소설은 소설끼리, 정보책은 정보책끼리, 분야별로 책을 분류해 수납하는 것!

도서관이나 서점에서 가장 많이 사용하고 있는 분야별 수납은 책을 보다 쉽고 빠르게 찾을 수 있고 효율적으로 수납할 수 있다.

이때 조금 더 디테일한 분류를 원한다면 분야별로 나눈 책들을 다시 한번 출판사별, 작가별, 키 순서별 등으로 다양하게 분류해 보는 것도 좋다.

또한 아직 읽지 않은 책이 있다면 그 책만 따로 수납할 수 있는 칸도 하나 만들어보자. 다 읽은 책들은 해당 분야의 칸에 정리를 하면 그 과정 자체가 미션을 해결해 나가는 도장 깨기 같은 쾌감을 줄 수 있어 평소 책을 읽는 계기기 되기도 한다. 아싹! 한 권 끝!이어! ☺

## ❷ 쾌적한 책장 만들기

이번에는 분류한 책들을 어떻게 하면 공간의 딥답함과 복잡한 느낌 없이 책장에 깔끔하게 꽂을 수 있을지 생각해 보자.

책장은 집 안 전체 분위기에 영향을 줄 수 있기 때문에 복잡하고 답답한 느낌의 수납은 최대한 피하는 것이 좋다.

모든 칸마다 책을 가득 꽂기보다 책장에서 가장 먼저 시선이 가는 공간에는 책을 조금만 꽂거나 책 이외의 다른 소품을 배치해 여백을 주는 여유로운 수납을 하면 집 전체가 여유 있고 정돈된 느낌을 준다. 책장의 미는 여백이지! 🖤

책장에서 가장 먼저 시선이 가는 공간에는 책을 조금만 꽂거나 소품을 배치해 보자. 책 위에 또 다른 책을 얹는 것 또한 주의해야 한다.

무겁거나 부피가 큰 책은 책장 맨 아래 칸에 정리하면 사용하기 편리하고 훨씬 안정되어 보인다. 어두운 색의 책 역시 아래에 수납할수록 답답하고 복잡한 느낌이 줄어든다. 또 하나! 책 위에 또 다른 책을 얹는 수납은 피하자. 책을 꺼낼 때 방해 되고 공간을 어수선하게 만든다.

쾌적한 책장 환경을 위해서는 이 부분도 중요한 요소임을 잊지 말자.

## ❸ 인테리어에도 도움이 되는 책 정리법

더욱 깔끔하게 정리히려면 책을 컬러별로 배치하자.

모형 책까지 등장할 만큼 요즘은 책을 인테리어용으로 많이 구입한다. 그렇다면 나의 책장에 꽂힌 이 책들 역시 인테리어 소품처럼 깔끔하게 정리할 수 없을까? 물론 방법은 있다.

바로 컬러별로 배치하는 것. 책의 분류 방법 중 하나인 '컬러별 배치'는 책의 표지를 같거나 비슷한 컬러들끼리 수납하는 방법으로, 책장이 더욱 깔끔해지고 주변 분위기까지 Up! 시키는 효과가 있다.

평소 사용하던 책장 분위기를 또 다른 스타일로 바꾸고 싶다면 분산되어 있는 알록달록한 책의 표지들을 컬러별로 배치해 보자.

맨 위 칸의 가장 밝은 화이트를 시작으로 아래로 갈수록 어두운 블랙까지 색의 채도와 명도에 맞춰 차례대로 책을 정리하면 된다. 다만 이런 컬러별 수납은 원하는 책을 빠르게 찾기에 조금 불편할 수 있기 때문에 책을 읽는 목적보다는 공간을 또 다른 분위기로 연출하고 싶을 때 활용하면 좋다.

## ❹ 아이들 책장 수납은 이렇게

다양한 종류의 책을 많이 읽는 아이들 책장은 분야별로 각각 분류하면 아이들 스스로 책을 찾는 습관에도 큰 도움이 된다. 분야별 수납은 자연 과학책을 기준으로 분류하면 좋은데, 자연과학책은 파생될 수 있는 분야가 많아 이를 기준으로 위아래, 옆 공간에 연관된 책을 꽂아놓으면 아이들의 다양한 독서 활동에 도움이 된다.

예를 들어 호랑이에 관한 책을 읽더라도 그 호랑이가 나오는 전래동화를 찾아볼 수도 있고, 또 그 전래동화를 통해 항아리의 궁금증이 생긴다면 바로 항아리와 관련된 우리 문화 책을 읽어볼 수도 있는 등 서로 연관된 책들을 나란히 수납해 아이들에게 또 다른 독서의 즐거움을 주는 것이다.

아이 책은 세트 구성이 많은데, 세트 책은 책의 키나 번호가 아닌 책이 앞으로 튀어나오는 깊이 순으로 정리하면 짧은 폭의 책이 책과 책 사이에 가려지지 않아 좋다. 이제 다 보이지? 또한 나이, 읽기 레벨에 맞게 골라 수납하면 책장을 무조건 꽉꽉 채우는 답답한 수납을 피할 수 있고 아이가 호기심을 가지고 즐겁게 책을 읽을 수 있는 환경도 만들 수 있다. 이번에는 이 책을 꽂아 볼까?

구겨지기 쉬운 얇은 학습지나 챕터 북은 파일꽂이나 바구니를 활용하고, 1칸 형태의 북엔드 보다 슬림한 2칸 책꽂이를 책장 중간중간에 두면 책이 잘 쓰러져 꺼내기 불편한 경우나 쓰러진 책으로 인해 아이 손이 다치는 경우도 없다. 책 읽기는 늘 즐거워~

아이 책장은 자연과학 책을 기준으로, 위아래, 옆으로 연관된 책을 꽂아
놓자.

잘 구겨지는 얇은 학습지나 챕터 북들은 파일꽂이나 바구니를 활용하면
수납이 편리하다.

**before**

**after**

세트 책은 번호 순이나 키 순서가 아닌 책의 깊이 순으로 정리하자.

1단 형태의 북엔드 보다 2단 형태의 책꽂이를 활용하면 훨씬 더
안정적이다.

# 한 번에 찾기 쉬운 제품 사용 설명서 정리법

살림과 전자제품을 구입할 때 꼭 함께 따라오는 것이 있다. 바로 제품 설명서.
하지만 요즘은 컴퓨터나 핸드폰 하나만 있으면 모든 정보를 검색할 수 있는 시대이기 때문에 제품 설명서를
모두 모아 둘 필요는 없다. 설명서 역시 정리를 통해 버릴 건 버리고, 가장 자주 찾게 되는 설명서나
사용이 복잡한 제품 설명서만 따로 모아 정리해 보자.

설명서가 많지 않다면 심플하게 지퍼 파일에, 많은 편이라면 제품별로
찾기 쉽도록 클리어 파일이나 도큐먼트 파일, 일명 아코디언 파일을 사
용하자.

파일 칸마다 제품 이름을 기재해 설명서를 정리하면 필요할 때 쉽고
빠르게 찾을 수 있고, 설명서를 제품별로 나누되 한 번에 모두 모아 보관
할 수 있어 효율적이다. 오! 참멋이네!

다만 이때 설명서가 너무 많아 파일이 볼록 튀어나온다면 확장되는
형태의 아코디언 파일을 활용하자. 같은 수납이라도 가지고 있는 설명
서의 양에 따라 파일 스타일을 다르게 선택하면 더 깔끔하게 보관할 수
있다.

제품 설명서가 많지 않다면 지퍼 파일에 보관하자.

**before**

제품 설명서가 많다면, 클리어 파일 각 칸에 제품 이름을 기재해
보관하는 것이 좋다.

**after**

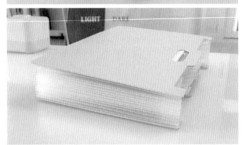

아코디언 파일을 활용하는 것도 좋은 방법 중 하나!

설명서가 많아 파일이 볼록 튀어나온다면 확장형 스타일의 아코디언
파일을 추천한다.

# 아이 성장에 맞춘 장난감 수납법

아이 성장에 따라 장난감의 종류 또한 매번 달라진다. 그런데 이런 장난감과는 달리 장난감 수납 용품은
늘 그 자리에 그대로 머물러 있어 장난감 정리는 물론 사용과 관리도 불편하다. 아이가 성장하듯 장난감을 수납하는 수납 용품
또한 변화가 필요한데, 이는 장난감의 효율적인 수납뿐만 아니라 아이들이 직접 자신들의 장난감을 정리하는 습관 형성에도
많은 영향을 끼친다. 그렇다면 아이들의 장난감 수납 용품은 어떻게 바꾸는 것이 좋을까?

## ❶ 아이 성장에 따라 수납 용품도 바꿔주기

속에 있는 장난감까지 잘 보이도록 투명
수납함을 활용하자.

아이들이 아주 어릴 때는 큼직한 장난감들이 많은 편이라 큰 바스켓을
활용해 수납하는 것이 좋다. 큰 수납함은 아직 정리에 있어 많이 서툰 어
린아이들이 직접 장난감을 정리하기에도 어려움이 없고, 스스로 정리
하는 환경을 만들어 정리에 대해 즐겁고 긍정적인 생각을 가지게 한다.

  아이들이 조금 더 커서 직접 분류할 수 있을 만큼 성장했다면, 큰 바스
켓보다는 조금 더 작은 크기의 수납함을 준비해 아이들 스스로 알아서
장난감을 종류별로 정리할 수 있는 환경을 만들어주자. 엄마가 후다닥
정리를 끝내는 것이 아닌, 아이가 자신의 기준에 맞춰 장난감들을 직접
분류하여 수납할 수 있도록 도와주는 것이 좋다. 이건 어떻게 정리해 볼까?

  엄마의 개입 없이도 장난감을 더욱 능숙하게 정리할 수 있는 단계가
되었다면 조금 더 디테일한 분류 수납함으로 각각의 물건들마다 각자의
집을 만들어주는 습관을 가질 수 있도록 하자.

장난감을 찾을 때 안이 보이지 않는 수납함에
넣어두면 아이들은 수납함을 통째로
뒤집어엎어 장난감을 찾는 경우가 많다. 이는
사용도 정리도 지치게 만들 수 있으니 주의가
필요하다.

정리 정돈은 항상 내가 원하는 물건의 위치를 보다 쉽게 찾고 쉽게 정리할 수 있는 환경을 만든다는 것을 인식시킬 필요가 있다.

이렇게 그때그때 아이들의 성장에 맞게 정리할 수 있는 환경을 만들어주는 것은 아이에게 자신의 물건을 소중하게 대할 줄 아는 책임감을 길러주고, 정리하는 행동이 자연스럽게 자리 잡히도록 한다. 그리고 엄마의 살림에도 보탬이 될 수 있는 유용하고 효율적인 수납을 이어갈 수 있다. <u>알아서 치우니 편하구먼~! 흐흐…</u> 🙂

## ❷ 투명 수납함의 활용

장난감용 수납함을 선택할 때는 아이가 자신이 원하는 장난감 종류를 쉽게 찾을 수 있는 투명 제품이 좋다. 투명 수납함은 아이들이 굳이 뚜껑을 열어 확인을 하거나 수납함 안쪽까지 일일이 뒤져가며 장난감을 찾을 필요가 없어 편리하다.

자주 찾는 장난감은 아이 눈높이에 맞게 앞쪽,
아래쪽으로 배치하는 것이 좋다.

특히 아이가 어릴수록 장난감을 찾지 못할 때 모든 수납함을 그대로 뒤집어엎어 찾는 경우가 많은데, 이는 물건을 찾고 다시 정리하는데 있어 엄마도 아이도 금방 지치게 하는 수납이 될 수 있다. <u>아~제발 그만해~!</u> 🐶

그러니 어린아이들 장난감은 투명 수납함을 활용해 보관하고, 수납함의 위치 또한 자주 찾게 되는 장난감들은 아이들의 눈높이에 맞게 앞쪽, 아래쪽으로 배치해 아이들 스스로도 쉽게 찾고 쉽게 정리할 수 있는 환경을 만들자. <u>잘 놀고 있군!</u> 🙂

물건 종류에 맞게 아이가 직접 분류할 수 있게 되었다면 조금 더 작은 크기의 수납함을 준비해 종류별로 분류할 수 있는 환경을 만들어주자.

장난감을 능숙하게 정리하며 분류하는 단계라면 디테일한 분류를 할 수 있는 수납함을 준비해 주자.

## ❸ 정리도 놀이 시간!

아이들은 다양한 장난감을 다양한 공간에서 가지고 놀기 때문에 잠깐
사이에도 장난감이 집 안 가득 여기저기에 널브러지게 되고 그 장난감
을 보는 엄마의 마음까지도 함께 널브러진다. 으으~ 저걸 다 언제 치워…

　하지만 엄마가 혼자 알아서 후다닥 정리하는 것은 No! 엄마의 손이
많이 닿을수록 아이들 마음속에는 '정리는 엄마의 것!'이라는 인식이 자
리 잡을 수도 있기 때문이다. 그러니 아이가 아직 어리다면 엄마와 함
께, 어느 정도 자랐다면 아이 혼자 스스로 정리할 수 있도록 응원하면서

아이의 물건을 엄마 혼자서 정리해 버리는 것은 No!

정리도 놀이 시간이 될 수 있도록 엄마와 함께 노래를 부르거나 춤을 취가며 정리해 보자.

정리의 스트레스를 엄마 혼자 고스란히 받지 않도록 하자.

다만 아이가 정리를 자꾸 미루려고 한다면 정리도 놀이가 될 수 있다는 것을 느끼게 하자. 아이들이 좋아하는 캐릭터를 이용해 노래를 부르거나 엄마와 함께 노래에 맞춰 춤추며 정리해 보는 것. '뭐 하고 놀까' 고민할 필요 없이 아이들에게는 정리가 또 하나의 놀이가 되어 즐기며 할 수 있게 된다. 모두 제자리~ 

이런 시간은 평소 아이들에게 정리의 이미지를 긍정적으로 심어주고, 아이 스스로 조금 더 편하게 물건을 사용하고 정리하는 방법을 찾을 수 있게 한다. 그리고 수납을 꾸준히 유지하는 습관을 심어주어 언제나 깔끔한 환경 속에서 생활하게 만든다. 그러니 아이와 있을 때는 때론 가수도 되고 때론 배우도 되어 정리 시간이 즐거울 수 있도록 만들어보자. 노래를 못하는 음치 엄마라도 아이들에게는 최고의 가수가 될 수 있으며 춤추는 것이 부끄럽더라도 엄마의 모습은 가장 멋진 댄서처럼 보일 것이다. 아무도 안 보는데 어때! 아싸!

# 여름은 늘 다시 돌아오니까! 물놀이용품 수납법

여름이면 항상 다시 찾게 되는 여름용품. 하지만 여름이 끝날 즈음이면 아무 곳에나 뒤죽박죽 넣어
방치하고 있지 않은지 살펴보자. 조금 더 편하게, 그리고 오래 사용할 수 있는 여름용품이 될 수 있도록
효율적인 정리와 수납을 해보자.

## ❶ 수영복과 수영 모자

수영복과 튜브 등 물놀이 갈 때만 사용하는 용품은 따로 모아 분류 수납
을 하면 좋다. 수영복과 수영 모자가 많다면 수영 모자 안에 수영복을 넣
어 세트로 만들어 정리하자. 수영복을 수영 모자 크기에 맞게 접어 모자
안으로 넣으면 끝!

이런 세트 수납은 물놀이를 갈 때마다 원하는 수영복과 수영 모자를
한 번에 꺼내 사용할 수 있어 편리하다. 이때 수영 모자를 수영복이 보이
는 방향으로 세로 수납해 수영복을 한눈에 알아볼 수 있도록 하자.

✳ **뚝딱! 간편하게 칸막이 만들기**

수영 모자와 수영복을 칸막이가 없는 수
납함에 함께 보관한다면 폼보드를 활용해
칸막이를 만들어 중간에 넣으면 모자와
수영복을 구분하기 쉽다.

수영복을 수영 모자 크기에 맞게 접어 모자 안에
넣자.

수영복이 보이도록 세로 수납을 하는 것이 좋다.

수영복과 수영 모자를 따로 분류할 때도 세로
수납은 필수!

만약 수영 모자 보다 수영복이 더 많다면 수영 모자와 수영복을 하나
씩 따로 분류하자. 이때도 역시 세로 수납! 한눈에 찾기 쉬워 원하는 수
영복과 수영 모자를 바로 꺼내 사용할 수 있다.


## ❷ 물안경

물안경은 단단한 케이스에 넣어 보관해야 안경의 틀어짐이나 잔고장을
방지할 수 있으니 되도록 구입할 때 받은 케이스를 잘 보관했다가 활용
하자.

만약 케이스가 없다면 500ml 작은 페트병을 활용하자. 페트병을 반
으로 잘라 물안경을 넣은 후 그대로 다시 겹치면 끝.

페트병 안에 물이 들어갔다면 페트병 뚜껑을 열고 거꾸로 세워 말리
면 된다. 그리고 원형보다 사각 페트병을 사용하면 굴러다니지 않아 분
실 위험도 줄어든다.


## ❸ 튜브

튜브는 재질 특성상 서로 달라붙는 성질이 있어 그대로 접어 보관하면
튜브가 상할 수 있으니 튜브 사이사이에 신문지나 종이를 넣어 서로 닿
는 면이 없게 한 다음 접어서 보관하자. 간단한 방법이지만 튜브를 튼튼
하게 오래 사용할 수 있다.

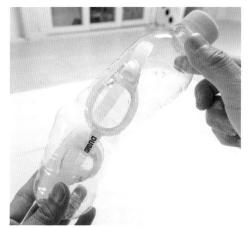

튜브는 서로 달라붙으니 사이사이 신문지나 종이를 넣은 다음 접어서 보관하자.

물안경 케이스가 없다면 500㎖ 페트병을 반으로 잘라 활용하면 안성맞춤!

# 로맨틱한 12월을 위한 크리스마스 장식품 수납법

매년 가슴을 두근두근 설레게 만드는 크리스마스!
로맨틱한 분위기의 크리스마스를 준비하기 위해서는 다양한 크리스마스 용품들이 필요하다.
모양도, 소재도, 크기도 다양한 크리스마스 용품들은 어떻게 보관하고 관리하면 좋을지 체크하자.

## ❶ 크리스마스 트리

부피를 많이 차지하는 크리스마스 트리는 상자보다는 큰 크기의 지퍼형 가방에 보관하는 것이 공간 활용에 도움이 된다.

트리를 분리해 지퍼형 가방에 차곡차곡 담고 그대로 지퍼만 닫으면 부피는 줄고 트리는 손상 없이 보관할 수 있으며, 트리를 이동하고 정리하는 것도 수월하다.

시중에 다양한 크기의 지퍼형 가방이 많으니 트리 크기에 따라 지퍼형 가방을 선택해 활용하자.

## ❷ 오너먼트 볼

크리스마스 트리를 장식하는 오너먼트 볼은 쉽게 깨지고 막 굴러다닐 수 있어 볼만 따로 담을 수 있는 수납함을 마련하는 것이 좋다. 볼 개수에 따라 수납함 크기를 선택한 후 바닥에 에어캡, 일명 뽁뽁이를 깔고 담으면 된다.

볼을 담을 때 층마다 뽁뽁이를 깔면 서로 부딪히거나 엉키지 않고 다

부피를 많이 차지하는 트리는 상자 보관보다는 트리에 맞는 지퍼형 가방을
선택하는 것이 좋다.

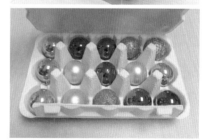

쉽게 깨지고 굴러다니는 오너먼트 볼은 크기와 개수에
따라 수납함에 뽁뽁이를 깔거나 달걀 상자를 활용해
정리하자.

음 크리스마스에도 잘 사용할 수 있다.

　작은 크기의 오너먼트 볼은 달걀 상자를 재활용해도 좋다. 뚜껑이 있는 달걀 상자에 작은 오너먼트를 담아 보관하면 보기도 깔끔하고 깨짐도 방지된다. 오~ 딱이네~!

## ❸ 크리스마스 전구

긴 줄들이 이어져 있는 크리스마스 전구는 마구잡이로 돌돌 말아 수납할 경우 자칫 줄끼리 엉켜 다음 해에 사용하지 못하는 경우가 있다. 아흑~ 이걸 언제 풀어~! 다시 사는 게 낫겠어!

　긴 형태의 전구는 길이에 따라 휴지심 또는 키친타월 심을 활용하자. 심지의 한쪽 끝을 가위로 살짝 잘라 전구 선의 시작 부분을 끼운 다음 전선을 돌돌 말아주면 끝! 마지막으로 전선에 달린 베터리 케이스를 심지 안쪽으로 넣으면 깔끔하게 보관할 수 있다.

　만약 배터리 케이스 부피가 커서 심지 안으로 들어가지 않는다면, 반대쪽 심지 끝에 살짝 가위집을 내어 배터리 케이스 마지막 전선 부분을 꽂으면 전선이 풀릴 일 없이 깔끔하게 정리할 수 있다.

　랩을 활용하는 방법도 있다. 랩을 펼쳐 그 위로 전구 선을 줄지어 올린 다음, 김밥을 싸듯 랩을 돌돌 말아 감으면 끝. 전구를 다시 사용할 때는 랩을 반대 방향으로 풀기만 하면 엉킴 없이 편하게 사용할 수 있다.

크리스마스 전구를 엉킴 없이 보관하고 싶다면?

휴지심 끝을 가위로 살짝 잘라 전구 선의 시작 부분을 끼운 다음 돌돌 말아준다.

전선에 달린 베터리 케이스는 심지 안으로 쏙 넣어 깔끔하게 보관할 수 있다.

베터리 케이스 부피가 크다면 반대쪽 심지 끝에 가위집을 살짝 낸 다음 전선을 꽂아서 보관한다.

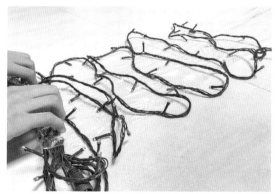

크리스마스 전구는 랩을 활용하는 것도 좋은 방법. 전구 선을 랩 위에 올리고 김밥을 싸듯 돌돌 말아주기만 하면 끝!

# Chapter

4

집이 좁다는 이유로 수납을
포기하지 말자! 물건의 재활용을 통해
좁은 집을 2배 넓게 활용할 수 있다.

아이디어
하나로 살리는
수납 공간

물건 새 활용의 재미

알뜰하게 해결하는 아이디어 집중탐구

# 압축봉 & 재활용

이번 챕터에서는 책 여기저기에서 볼 수 있었던 압축봉과 재활용 관련 수납 팁에 대해 집중적으로 살펴보자. 살림을 하다 보면 공간이 협소해서 수납을 포기하는 때도 있고, 수납을 위해 새로운 정리 용품을 구매하는 경우도 많다. 하지만 공간이 협소하다고 해서 수납을 포기할 필요는 없다. 그리고 수납 용품이 없더라도 재활용을 통해 충분히 멋진 수납을 할 수 있다. 지금부터 집 안 곳곳 숨어있는 공간을 찾아 부족한 수납에 대한 고민도 해결하고, 살림에 은근히 많은 보탬이 되는 재활용 수납팁도 함께 알아보자. 소소하고 알뜰한 살림을 통해 얻는 재미와 힐링이 얼마나 좋은지 느끼게 될 것이다.

# 어디든 활용하기 좋은 '압축봉' 집중 탐구

살림을 하다 보면 공간이 부족할 때도, 불편할 때도, 아까울 때도 있다. 이런 마음이 들 때는 공간을 더 유용하고 효율적으로 활용할 수 있도록 새로운 방식의 수납을 적용해 보자. 챕터 1, 2, 3에서도 자주 언급했던 '압축봉 활용'.
압축봉은 공간의 제약이 많지 않아 집 안 곳곳에 자유롭게 활용할 수 있고, 가로와 세로 그리고 압축봉끼리의 합을 통해서 다양한 형태의 수납 공간을 손쉽게 만들 수 있다.

## ❶ 주방 공간의 놀라운 발견

### ◉ 세로 수납으로 쉽고 편하게

상하부장 여유 공간에 미니 압축봉을 세로로 설치해 작은 쟁반, 도마 등을 수납하자. 간단한 설치만으로 보기에 깔끔! 주방용품 사용이 더욱 쉬워진다. 미니 압축봉의 세로 수납은 데굴데굴 굴러다니기 쉬운 보틀병 보관에도 좋다. 그리고 세로 압축봉을 중앙에 설치하면 수납과 함께 물건을 분류하는 칸막이 역할도 한다.

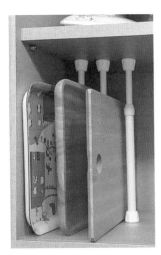

압축봉을 세로로 세워 쟁반, 도마 등을 수납하면 Good!

압축봉 세로 설치는 보틀병 수납에도 최고.

세로 압축봉을 중앙에 설치하면 물건을 분류하는 칸막이 역할도 한다.

● **자투리 공간 활용도 알차게**

**How to 1** **압축봉 + 압축봉 = 선반**

비어 있는 상하부장 위 공간에 압축봉 두 개를 나란히 설치하면 쟁반, 위생 봉지, 랩과 같은 가벼운 주방용품을 보관하는데 안성맞춤!

**How to 2** **비어 있는 옆 공간 활용하기**

싱크대 하부장 옆 공간이 비었다면 이곳도 활용하자. 압축봉과 집게 고리만 있으면 자잘한 주방용품을 걸 수 있다.

**How to 3** **하부장 위쪽 숨은 공간 활용하기**

싱크대 하부장 위쪽을 보면 아주 아까운 공간이 하나 숨어 있다. 마냥 허공처럼 보이는 공간에 압축봉을 설치하면 훌륭한 자투리 수납장이 완성되니, 이 놀라운 공간 역시 놓치지 말고 활용하자. 언빌리버블~

🛒 구매처 인터넷 쇼핑, 다이소

| 압축봉, 집게 고리 🔍 |

싱크대 하부장 위 공간에 압축봉을 설치하면 훌륭한 자투리 수납장이 탄생한다. 냄비 뚜껑, 쟁반 등을 보관하는데 활용하면 좋다.

◉ **위생 봉지,**
   **키친타월의 사용을**
   **편리하게**

**How to 1 싱크대 서랍에 보관하기**

롤 형태의 위생 봉지나 키친타월의 수납 자리 찾기가 마땅치 않을 때가 많다. 그럴 때는 싱크대 서랍 속에 압축봉을 설치해 보자. 둘둘 돌려 쓱~ 떼어 내기만 하면 끝! 깔끔한 수납은 물론 사용까지 편리해진다.

압축봉을 서랍 앞쪽으로 설치하면 키친타월과 위생 봉지의 끝이 서랍 밖으로 살짝 나오도록 세팅할 수 있어 서랍을 열지 않은 상태에서도 바로 잡아당겨 꺼내 쓸 수 있다.

**How to 2 싱크대 상부장에 보관하기**

상부장 안쪽 위 공간이 여유롭다면 압축봉을 설치해 수납하자. 위아래 모든 공간을 활용하면서 다양한 주방용품들을 함께 수납할 수 있어 공간 활용도가 높아진다.

가로 폭이 여유롭지 않다면 압축봉을 세로로 설치해 보자. 가로로만 설치한다는 편견을 버려! 롤 형태의 위생 봉지와 키친타월을 세로로 설치된 압축봉에 수납하면 스르륵~ 돌려 딱! 편리하게 사용할 수 있다.

**How to 3 수전 밑 하부장에 보관하기**

롤 형태의 위생 봉지와 키친타월의 또다른 수납 방법! 바로 수전 밑 하부장 공간 활용하기. 긴 압축봉을 하부장 윗부분에 가로로 설치하면 위생 봉지, 키친타월, 스프레이형 세제 등을 걸 수 있다. 이때 압축봉 안쪽으로 나란히 하나를 더 설치하면 또다른 선반이 되어 다양한 물건 수납이 가능해진다.

## 싱크대 서랍

압축봉을 서랍 앞쪽에 가로로 설치해 키친타월과 위생 봉지를 걸고
끝을 서랍 밖으로 살짝 나오도록 세팅해 잡아당겨 사용하면 Good.

## 싱크대 상부장

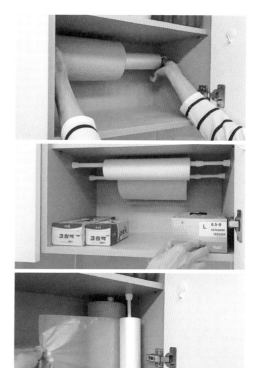

상부장 안쪽 위 공간에 압축봉을 가로 또는 세로로 설치해 롤 형태의
위생 봉지, 키친타월을 수납하면 공간 활용도가 높아진다.

## 수전 밑 하부장

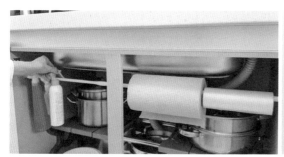

수전 밑 하부장에도 압축봉을 가로로 설치해 위생 봉지, 키친타월을 수납해 보자. 한쪽에는 스프레이형 세제도 걸어 사용하면 편리하고, 두 개의 압축봉을 앞뒤로
설치하면 선반 역할까지 톡톡히 한다.

제품 상자에 구멍을 뚫어 끼우기만 하면 끝!

### How to 4 　문에 보관하기

이번에는 압축봉을 거치대에 걸어보자. 압축봉이 거치대를 만나면 압축뿐 아니라 걸이 형태로도 사용이 가능해 종이 포일이나 알루미늄 포일 등을 걸어주면 언제든 뚝뚝 쉽게 끊어 사용할 수 있다. 단 랩과 같은 질긴 재질은 사용이 불편해 활용하지 않는 것이 좋고, 옆면에 구멍이 없는 제품들은 간단하게 십자로 칼집을 내어 꽂으면 된다.

### ◉ 양념통을
### 　꺼내기 좋게

상하부장 안쪽에 압축봉을 설치해 양념통을 깔끔하게 정리하자. 압축봉이 튼튼한 양념통 거치대가 되는 것은 물론 압축봉 아래 공간 또한 다양한 수납에 활용할 수 있다. 압축봉을 설치할 때는 양념통이 떨어지지 않도록 압축봉을 양념통 높이보다 안쪽으로 설치해야 한다.

### ◉ 바구니의 공중 부양

압축봉을 바구니에 꽂아 공중 부양 형태로 설치한 후 가벼운 물건을 수납해 보자. 굳이 선반을 구입하거나 설치하지 않아도 위 공간을 알뜰하게 활용할 수 있는 톡톡한 수납 공간이 완성된다.

### ◉ 위태로웠던
### 　냉장고 홈바에게

오픈 형태의 홈바는 냉장고 문을 여닫을 때마다 수납된 제품이 바닥으로 떨어지는 경우가 많다. 아~ 터졌다! 힝ᴖ  만약 우리 집 냉장고도 그렇다면 홈바에 압축봉을 설치해 보자. 압축봉의 지지로 인해 홈바의 제품들이 바닥으로 떨어지지 않게 되고, 위로 쌓는 수납까지 가능하다.

## 양념통 보관

압축봉을 설치해 작은 양념통을 공중 부양시키면 모든 공간을
알뜰하게 사용할 수 있다.

## 바구니 공중 부양

압축봉을 바구니에 꽂아 공중 부양 형태로 설치하면 선반 없이도 위
공간을 활용할 수 있다.

## 냉장고 홈바

**before**

**after**

오픈형 냉장고 홈바에 압축봉을 설치해 보자. 물건이 떨어지는 것을 방지해 작은 재료까지 안정적으로 쌓을 수 있다.

## ❷ 옷장 공간을 다양하게

### ◉ 옷봉이 더 필요하다면

옷장 아래에 여유 공간이 많이 남아 있다면 압축봉을 설치해 옷봉으로 활용하자. 무거운 옷이 아니라면 압축봉 또한 옷봉의 역할을 충분히 해 줄 수 있어 옷 수납에도 도움이 된다.

### ◉ 좁은 옷장 잠시 벗어나봐요

집 안에 비어 있는 공간이 있다면 압축봉을 설치해 옷을 걸어보자. 옷장 수납이 부족할 때 서브 수납으로 활용해도 좋고, 외출 후 입던 옷들을 잠시 걸어도 좋다.

### ◉ 아까울 때는 세로 꽂기

옷을 선반에 수납할 때 애매하게 남는 옆 공간이 있다면 미니 압축봉을 세로로 설치해 구김이 가지 않는 의류나 소품들을 돌돌 말아 정리해 보자. 버려질 수 있는 아까운 공간도 활용하고 간단하게 돌돌 마는 편한 수납도 가능하다.

### ◉ 선반의 공간이 깊을 때는!

깊은 수납장은 안쪽에 넣어둔 물건을 넣고 빼기가 많이 불편해 주로 앞쪽만 사용하게 된다. 이럴 때는 압축봉을 수납장 안쪽 위, 앞쪽 아래에 하나씩 설치해 그 위로 바구니를 올려보자. 앞쪽으로 살짝 기울어진 바구니는 안쪽에 수납된 물건을 한 눈에 확인할 수 있는 것은 물론 꺼내기도 편해 조금 더 수월하게 사용할 수 있다.

옷장 아래 공간에 압축봉을 설치하면 옷봉의 역할을 톡톡히 해준다.

코너 한쪽에 압축봉을 설치해 서브 수납 공간을 만들자.

애매하게 남는 옆 공간에 미니 압축봉을 세로로 설치해 구김이 가지 않는
의류나 소품 등을 돌돌 말아 정리해 보자.

깊은 선반은 서랍장 안쪽 위, 앞쪽 아래에 압축봉을 하나씩 설치해 그 위로
바구니를 올리면 안쪽이 들여다보여 물건을 쉽게 찾아 쓸 수 있다.

◉ **나 좀 지지해 줘!**

수납장에 수납한 물건이 계속 튀어나오거나 흘러내려 문이 잘 안 닫힌다면? 아~ 짜증! 😖 이럴 때는 물건들을 지지할 수 있도록 문 바로 안쪽에 압축봉을 설치하자. 문의 여닫기가 훨씬 쉬워진다.

◉ **옷도 말리고 건조함도 막고!**

빨래를 건조할 공간이 부족하다면 압축봉을 방문 위쪽이나 집 안 한쪽에 설치해 젖은 빨래들을 걸어놓자. 옷도 말리고 집 안 건조도 막고. 일석이조의 효과를 톡톡히 얻을 수 있다.

# ❸ 그 밖의 공간

◉ **마스킹 테이프**
   **자주 사용하세요?**

마스킹 테이프를 자주 사용한다면 책상 선반 한쪽 코너에 압축봉을 설치해 마스킹 테이프를 걸어보자. 쭉~ 뽑아 자르기만 하면 되니 번거로움 없이 사용도 수납도 간단!

◉ **아악! 쓰러지고 또 쓰러지고**

중간 칸막이가 없는 긴 책장의 경우 책이 쉽게 쓰러질 수 있다. 이럴 때는 압축봉을 세로로 설치해 중간 칸을 임의로 만들어보자. 원하는 곳에 위치를 나눠 책을 수납할 수도 있고, 한쪽으로 쏠리는 것 또한 예방할 수 있어 책장 사용이 더욱 편리하다.

보관해 놓은 가방들이 튀어나와 문이 닫히지 않을 때 문 바로 안쪽에
압축봉을 설치하면 불편함이 사라진다.

문을 여닫을 때마다 쓰러지는 불편한 수납 역시 압축봉 하나로 해결
가능하다.

압축봉을 이용해 빨래를 건조하면 옷도 말리고 집 안 건조도 막고
일석이조!

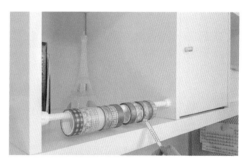

자주 사용하는 마스킹 테이프를 책상 선반에 걸어두면 사용도 수납도
간단.

칸막이가 없어 불편한 책장도 압축봉 하나만 세워주면 끝.

### ◉ 뒤죽박죽 우산을 살려줘

뒤죽박죽 우산꽂이. 압축봉을 활용하면 이 정신없던 우산 수납도 깔끔하게 해결할 수 있다.

작은 우산, 큰 우산 각각의 우산 크기에 맞춰 압축봉을 설치해 맨 앞의 작은 우산을 시작으로 큰 우산까지 정리하자. 이렇게 우산 크기별 압축봉을 설치하면 압축봉의 지지로 인해 수납도 깔끔! 찾기 쉽고 사용도 쉬운 수납 공간이 완성된다. 또한 우산이 서로 엉키지 않아 손상까지 예방할 수 있어 시중의 우산꽂이보다 더욱 유용하다. 만약 손잡이가 구부러진 형태의 우산이 많다면 압축봉에 걸어 깔끔하게 정리하면 된다.

### ◉ 책상 아래 공간이 아까운데

책상 아래 공간에도 압축봉을 설치해 자주 사용하는 가방과 각종 소품을 걸어보자. 'S'자 고리와 바구니만 있으면 자잘한 소품들까지 간단하게 보관할 수 있어 책상 아래 공간도 알뜰히 활용할 수 있다.

### ◉ 공 좀 정리해!

여기저기 굴러다니는 공. 정리 좀 해!! 🪨 매번 정리하라고 아이들에게 소리치지 말고 압축봉 두 개로 공의 자리를 만들어보자. 크기에 따라 압축봉의 폭을 조절하면 완성! 단, 작은 공은 두 압축봉 사이에 조금 아래쪽으로 압축봉 하나를 더 설치해야 큰 공이 뜨지 않고 안정적으로 놓일 수 있다.

### ◉ 욕실 구석 공간 놓치면 아깝죠

집 안 곳곳, 숨어 있는 죽은 공간! 특히 욕실은 압축봉과 집게 고리만 있으면 살려낼 수 있는 공간이 많다. 그러니 자칫 그냥 버려질 수 있는 집 안 구석도 다시 한번 살펴 부족한 수납에 여유를 더하자.

우산 길이에 맞춰 압축봉을 설치하면 우산
보관이 더욱 깔끔해진다.

책상 아래에 압축봉을 설치해 가방과 각종 소품을 보관하자.

공 크기에 따라 압축봉의 폭을 조절해서 설치하면 동글동글 공 수납에 딱!

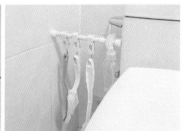

숨어 있는 공간도 압축봉과 집게 고리만 있으면 쓸모 만점의 훌륭한 수납 공간으로 변신한다.

## ◉ 휴지 어디에 둘까?

화장실 입구나 근처에 압축봉을 설치해 보자. 여기에 둘까? 저기에 둘까? 고민할 필요 없이 부족하면 바로 꺼내 사용할 수 있는 나름 쏠쏠한 휴지 전용 수납 선반을 만들 수 있다.

## ◉ 신발장이 부족해

중간 선반이 없는 높은 신발장에는 압축봉을 설치해 선반으로 활용하자. 버려질 수 있는 위 공간을 또 하나의 수납 공간으로 만들 수 있어 자리를 찾지 못하고 바닥에 나와 있던 신발도 깨끗하게 보관할 수 있다.

화장실 입구나 그 근처에 압축봉을 설치해 휴지를 수납해 보자. 편하고 유용한 휴지 전용 수납 선반 탄생!

중간 선반이 없는 높은 신발장은 압축봉을 설치해 또 하나의 수납 공간을 만들자.

# 압축봉 튼튼하게 설치하는 노하우

압축봉은 늘이면 늘일수록 견딜 수 있는 하중이 줄어든다. 압축봉을 단단하고 튼튼하게 설치하고 싶다면 압축봉 길이를 최대한 늘이지 않고 사용할 수 있도록 처음부터 설치 공간과 비슷한 길이의 제품을 준비하는 것이 좋다.

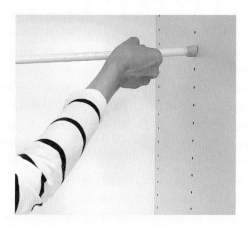

① 압축봉을 설치하려는 위치보다 살짝 위쪽 대각선이 되도록 올린다.

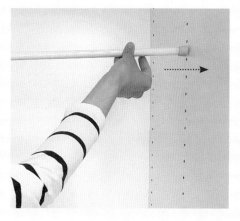

② 대각선으로 올린 상태에서 벽에 딱 닿도록 압축봉의 길이를 늘인다.

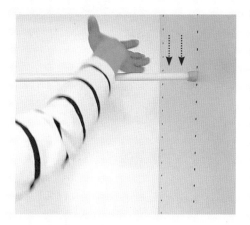

③ 손날을 사용해 압축봉의 위에서 아래로 탁탁 두드려 설치하려는 곳까지 이동시킨다.

④ 단단하고 쉽게 흘러내리지 않는 압축봉 설치 완료.

# 작은 수납통부터 꽃병까지 '페트병' 집중 탐구

흔하게 사용하고 버려지는 페트병. 이 페트병을 살림 곳곳에 아주 유용하게 활용할 수 있다.
보관하는 물건에 맞춰 페트병의 크기나 모양을 정해 간단한 변화만 주면 시중 제품 못지않은 아주 쏠쏠한
수납 용품이 만들어진다. 수납뿐 아니라 수세미와 꽃병도 되는 페트병 활용!
이번에는 이 페트병의 다양한 활용법을 살펴보자.

## ◉ 소스! 마지막까지 알뜰하게!

페트병을 반으로 잘라 케첩, 마요네즈와 같은 소스를 거꾸로 꽂으면 쓰러지지 않게 보관이 가능하고 마지막까지 알뜰하게 사용할 수 있다. 단순한 방법이지만 때로는 이런 단순함이 생활에 소소한 편리함을 가져다 준다는 사실.

## ◉ 페트병에 물티슈 뚜껑을 붙이면

페트병 옆면에 물티슈 뚜껑을 대고, 뚜껑을 열어 안쪽 선을 따라 그린 다음 자른다. 이때 자른 부분에 손이 닿지 않도록 그린 선보다 살짝 더 바깥쪽으로 자르는 것이 좋다. 그리고 자른 선에 맞춰 물티슈 뚜껑을 글루건으로 붙이면 완성! 여기저기 나뒹굴던 비닐봉지 정리에 딱이다. 눕혀서도, 세워서도 어느 공간에서나 사용하기 좋다. 오! 좋으네 좋아!

## ◉ 화장실 청소 솔 보관에 딱이네

청소 솔 보관 장소가 마땅치 않다면 페트병 윗부분을 반으로 잘라 욕실 한쪽에 걸어두고 꽂아보자. 이때 청소 솔에 묻어 있는 물기가 밖으로 배출될 수 있도록 페트병 뚜껑은 열어둔 채로 사용하는 것이 좋다.

반으로 자른 페트병에 소스를 거꾸로 꽂아 보관하면 쓰러짐 없이
마지막까지 알뜰하게~

페트병 옆면을 물티슈 뚜껑의 안쪽 선보다 살짝 더 크게 자른 후
물티슈 뚜껑을 붙이면 나뒹굴던 비닐봉지 보관에 최고!

페트병 윗부분을 반으로 잘라 걸어주면 청소 솔 보관에 OK.

🛒 구매처 이케아

문걸이 행거(릴롱엔)　　　🔍

### ◉ 롤 테이프 어디 있을까?

여기저기 널브러져 있는 롤 테이프! 롤 테이프를 가장 자주 사용하는 테이블이나 책상 아래에 자른 페트병을 글루건으로 붙여 보관하자. 더덕더덕 지저분한 이물질이 붙어있는 롤 테이프를 간단하고 깔끔하게 보관할 수 있다.

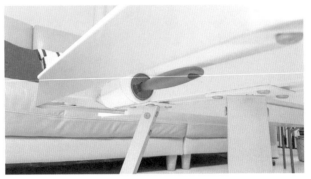

케이스 없이 집 안 곳곳을 굴러다니는 롤 테이프는 자주 사용하는 테이블이나 책상 밑 자른 페트병과 글루건을 활용해 보관해 보자.

### ◉ 이 정도면 주방 속 훌륭한 수납 용품

사각 페트병 옆면을 잘라 스카치테이프나 마스킹 테이프로 잘린 부분을 감으면 부족한 공간 속 간단한 양념 수납뿐 아니라 각종 즙 파우치와 간식 보관에도 알차게 활용할 수 있다.

### ◉ 꽃병이 필요한가요?

꽃병이 필요하다면 따로 구매할 필요 없이 페트병을 재활용해 보자. 페트병의 뚜껑 바로 아랫부분을 자른 다음 마끈의 처음을 글루건으로 고정한 후 페트병에 돌려 감싸고 마끈의 마지막 부분 역시 글루건으로 고정하면 끝. 간단한 준비물로 꽃병 하나가 뚝딱! 만들기도 쉽고 분위기까지 멋스러운 꽃병이 탄생한다.

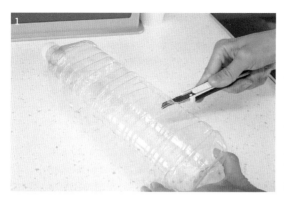

사각 페트병 옆면을 세로로 긴 네모 모양으로 자른다.

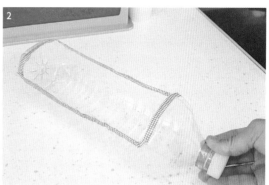

자른 부분을 스카치테이프 또는 마스킹 테이프로 마감하면 끝.

페트병의 입구 부분이 손잡이가 되어 넣고 빼기 편한 양념통 수납함이 완성된다.

각종 파우치 제품 수납에도 OK!

식탁 위 간식을 올려놓을 때도 활용하기 좋다.

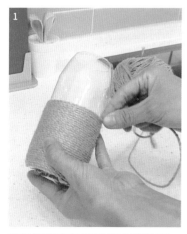

페트병 뚜껑을 자르고 마끈의 처음을 글루건으로 고정한 뒤 돌돌 감는다.

마끈의 끝부분 역시 글루건으로 고정.

분위기 있는 꽃병 완성.

Tip!

# 눌어붙은 스텐 냄비 설거지! 페트병이 최고예요.

압력밥솥에 밥을 짓거나 냄비에 계란찜을 하는 등 요리를 하고 나면 종종 음식물이 눌어붙어 난감한 스테인리스 용기. 보통 철 수세미를 사용해 세척하곤 하지만 철 수세미 사이사이에 이물질이 끼어 설거지가 번거롭고, 용기에 상처가 생길 수 있어 추천하지 않는다. 이럴 때는 페트병을 재활용해 세척해 보자.

페트병 뚜껑 바로 아래를 둥글게 자른 다음 뚜껑 부분을 손잡이처럼 잡고 쓱싹~ 쓱싹~! 왔다 갔다 몇 번 문지르기만 하면 눌어붙은 이물질들이 너무 쉽게 싹 사라진다. 와~ 대박! 또한 이물질이 끼어 세척하기 어려운 철 수세미와 달리 페트병은 간단히 쓱~ 물로 헹궈 주기만 하면 되기 때문에 세척도 간편하다.

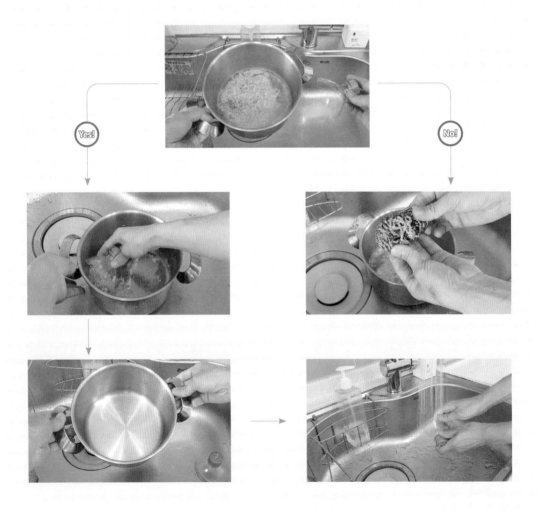

Tip! ✦

# 선물 포장을 해볼까?

크라프트 재질의 쇼핑백은 멋스러운 선물 포장지로 재활용하기 좋다. 여기에 노끈이나 크라프트 재질과 잘 어울리는 간단한 소품을 활용하여 마무리하면 분위기 있고 고급스러운 포장이 완성된다. 오호! 이게 쇼핑백이었다니! 🙂

어디 그뿐인가! 소소한 듯 멋스러운 꽃 포장에 활용하기도 좋고, 쇼핑백에 화분을 넣어주기만 하면 분위기 있는 멋진 소품도 만들 수 있으니 평소 크라프트 쇼핑백이 생기면 버리지 말고 다양하게 활용하자.

## 얼마든지 변신이 가능한 '쇼핑백' 집중 탐구

물건을 구매할 때 자주 받게 되는 쇼핑백. 버리기는 아깝고 보관하자니 자꾸만 쌓여 무거운 짐이 되는 쇼핑백에게
멋진 변신을 할 수 있는 기회를 만들어주자. 생각지 못한 멋진 수납함과 유용한 물건들로 뚝딱 변신 가능한 쇼핑백은
집 안 곳곳의 또 다른 수납템으로 활용하기 최고!

◉ **걸면 끝나는 학용품꽂이**

책상에 흩어져 있는 작은 소품들을 수납할 수 있는 아이디어 하나! 미니 쇼핑백과 쇼핑백 끈을 활용해 후크나 홈이 있는 메모판에 걸어 사용해 보자. 귀여운 학용품꽂이로 사용하기 좋다.

◉ **북엔드와 함께면
난 파일꽂이가 돼!**

비슷한 크기의 쇼핑백 2~3개를 준비해 끈을 제거하고 쇼핑백 입구만 살짝 접는다. 양면테이프로 쇼핑백을 나란히 붙여 세로로 세운 다음 책상 한쪽에 놓고 쓰러짐 방지용 북엔드를 끝에 놓으면 완성! 돈 주고 구매한 것 못지않게 꽤 쓸모 있는 파일꽂이가 완성된다. 이때 사용하는 쇼핑백은 단단한 재질이 좋고, 크기 또한 세로형보다는 가로형이 좋다.

◉ **부담 없는 휴지통**

여기저기서 받은 쇼핑백. 아무 곳에나 두고 방치하거나 버리지 말고 휴지통으로 만들어보자. 책상은 지저분하거나 젖은 쓰레기들이 거의 나오지 않기 때문에 쇼핑백을 활용해 휴지통을 만들어놓으면 부담 없이 사용할 수 있다.

미니 쇼핑백과 끈을 후크나 홈이 있는 메모판에 걸어 학용품꽂이로
사용해 보자.

🛒 구매처 이케아

| 자석 메모판 | 🔍 |

가로형 쇼핑백 입구를 살짝 접어 양면테이프로 쇼핑백을 나란히 붙인
후 북엔드를 놓으면 파일꽂이가 완성!

쇼핑백으로 책상 휴지통을 만들어보자. 지저분해지면
언제든 버릴 수 있는 부담 없는 휴지통 완성!

1

쇼핑백 손잡이가 늘어나지 않도록 양쪽 손잡이
모두 짧게 묶는다.

2

쇼핑백 양옆에 후크를 거꾸로 붙인다.

3

비닐봉지를 쇼핑백 안으로 넣고 봉투 손잡이를
양쪽 후크에 각각 건다.

4

비닐봉지 양쪽에 붙어 있는 묶는 부분은 짧게 만든
손잡이에 넣어 마무리한다.

# 버리기 아까운 다양한 '상자' 집중 탐구

한 번 사용하고 버리기에는 너무 아까운 상자들이 많다. 이런 상자를 잘 활용하면 굳이 구매하지 않고도
훌륭한 수납함을 만들어 집 안 곳곳에 놓을 수 있다. 다양한 종류와 모양의 상자들은 그만큼 다양한 공간에 활용하기 좋은
아이템이니 평소 쓸모가 좋은 상자들이 있다면 수납에 적극 활용하자.

## ❶ 티슈 상자 활용하기

티슈 상자 위쪽을 반으로 잘라 한쪽은 잘라 내고, 한쪽은 안쪽으로 접어 넣어 펀칭기를 이용해 구멍 두 개를 나란히 뚫는다. 펀칭할 부분은 종이 두께를 조금 더 두껍게 만들어야 쉽게 망가지지 않기 때문에 완전히 오려내지 말고 꼭 안으로 접어 붙이자.

티슈 상자 보관함은 후크를 이용해 현관에 걸어두면 자동차 키나 마스크 등 외출 시 쉽게 잊을 수 있는 물건들을 보관하기 좋고, 세로 형태로도 만들 수 있어 보관하는 물건 종류에 따라 형태를 선택해 유용하게 활용할 수 있다.

티슈 상자는 옆면 홈 부분에 마스크 고리를 끼우면 가벼운 물건을 간단히 걸 수 있다. 만약 티슈 상자 그대로가 보기 싫다면 좋아하는 컬러 혹은 프린트된 포장지를 사용해 조금 더 멋진 보관함으로 변신시켜 보자. 오! 우편물 넣어도 좋겠네!

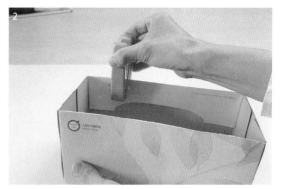

티슈 상자 위쪽을 반으로 잘라 한쪽은 잘라내고 한쪽은 안으로 접는다.

접어 넣는 쪽에 펀칭기로 구멍 두 개만 뚫어주면 수납함 완성.

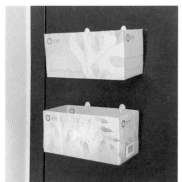
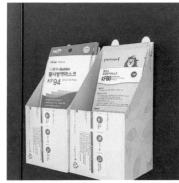

현관에 걸어 자동차 열쇠나 마스크, 우편물 수납함으로 사용해 보자.

티슈 상자 옆면 홈에 마스크 걸이를 꽂아보자.

사용하던 마스크 등 가벼운 물건을 간단히 걸어두기 좋다.

티슈 상자가 보기 싫다면 예쁜 포장지로 변신!

**✳ 살림에 보탬 되는 우유팩**

깨끗이 씻어서 펼쳐 말린 우유팩은 각 구청이나 행정복지센터(주민센터)에서 각 동마다 정해진 무게 기준에 맞춰 롤 화장지 또는 갑 티슈로 교환 받을 수 있다.

이 정책은 각 지자체 또는 동네마다 그리고 매년 달라지는 경우가 많기 때문에 내가 살고 있는 동네 정책을 미리 알아보자. 보통 하반기로 갈수록 할당된 예산이 조기 마감되어 중단되는 경우도 있기에 미리미리 서둘러 우유팩의 재활용 정책 혜택을 받는 것이 좋다.

**※ 우유팩 교환 기준 참고**
- 1kg → 롤 1개
- 3kg → 갑 티슈 1개

**우유팩 1kg**
- 200ml 기준 약 100개
- 500ml 기준 약 55개
- 1,000ml 기준 약 35개

# ❷ 우유팩 활용하기

### How to 1 약 보관함 만들기

우유팩의 입구를 막은 다음 한쪽 옆면을 자른다. 이렇게 자른 우유팩을 옆쪽으로 나란히 붙여 집에 있는 비상약을 담아두는 약통으로 사용해도 Good! 우유팩 입구 부분이 약통 손잡이가 되어 보관함을 넣었다 뺐다 하기에 편리하다.

약을 수납할 때는 포장 상자의 윗부분만 잘라 보관하면 약의 종류나 섭취 방법 등을 헷갈리지 않게 확인할 수 있다. 밴드나 연고 등 자잘한 것들은 200ml 작은 우유 통이나 과자 케이스 등에 수납하면 종류별로 구분하여 깔끔하게 정리할 수 있다.

### How to 2 미니 우산 보관함 만들기

우유팩 입구쪽 지저분한 부분만 자르고 미니 우산의 개수만큼 양면테이프로 이어 붙여보자. 칸마다 미니 우산을 따로 넣어 정리할 수 있다.

### How to 3 다용도 보관함 만들기

우유팩 입구 모서리를 모두 자르고 입구가 막히도록 서로 겹쳐 반듯하게 붙여준 다음 우유팩의 한쪽 옆면만 오픈되게 자른다. 딱풀로 원단을 붙이고 송곳을 이용해 힌쪽 면에 구멍을 뚫어 미니 쇼핑백 손잡이 끈 등을 묶으면 다용도 보관함 완성!

이 수납함은 여기저기 돌아다니는 리모컨이나 간식 등 다양한 종류의 물건을 보관하기 좋고 주변 인테리어와 어울릴 만한 원단을 씌우면 시각적으로도 매력 있는 소품이 될 수 있다. 오~ 예쁘당~ 😊 때에 따라 두 개의 우유팩을 합쳐 만들면 더 큰 다용도 수납함도 OK.

입구는 막고 한쪽 옆면만 자른다.

우유팩을 나란히 붙여 약통으로 사용하면 딱!

이어 붙인 칸마다 우산을 넣으면 깔끔한 미니
우산함 완성!

포장 약은 종류와 섭취 방법 등을 헷갈리지
않도록 상자 윗부분만 잘라 보관하자.

낱개로 된 밴드, 연고 등은 작은 우유 통이나
과자 상자에 수납하면 좋다.

입구 모서리를 모두 잘라 서로 겹쳐 붙인다.

한쪽만 오픈될 수 있도록 옆면을 자른다..

딱풀을 사용해 원단을 붙인다.

한쪽 면에 구멍을 뚫어 끈을 묶어주면 완성.

리모컨, 간식 등 다양한 물건 보관에 좋고
예쁜 원단으로 인테리어 효과까지 더해준다.

## ❸ 케이크 상자 활용하기

두껍고 단단한 재질의 케이크 상자는 한 번 사용하고 버리기에는 너무 아까운 것 중 하다. 감자나 양파 등을 보관하는 상자로 다양하게 활용해 보자.

케이크 상자의 앞쪽 투명 비닐을 통해 재료의 종류나 남아 있는 양을 체크하기 편하고, 송곳으로 여러 개의 구멍을 뚫으면 공기 순환에도 도움이 되어 신선도 유지에 좋다. 무엇보다 사용하다 지저분해지면 부담 없이 버리고 다시 만들 수 있어 Good!

**✱ 조금 더 귀엽게 만들고 싶다면**

아래 마지막 사진처럼 상자의 손잡이 부분이 위쪽으로 올라오게 포인트를 살려 만들고 싶다면 손잡이의 한쪽 부분만 밖으로 튀어나오게 접으면 된다. 완성된 보관함은 아이들 방에 두고 자잘한 학용품, 가벼운 미니 장난감을 넣어 활용하면 밝고 화사한 색감 덕분에 방 안 분위기까지 밝아진다.

## ❹ 패스트푸드 상자 활용하기

주변에서 흔히 볼 수 있는 패스트푸드 맥도날드~ 🍔 상자를 활용해 보관함을 만들 수도 있다. 상자 위쪽의 점선으로 된 각진 모서리 네 곳을 떼어 내 상자에서 분리한다.

남아 있는 손잡이를 상자 안쪽으로 접어 붙이고 상자 바닥은 테이프로 고정한 다음 조금 더 탄탄하게 받치기 위해 두꺼운 종이를 바닥 사이즈에 맞게 잘라 깔면 깜찍한 미니 보관함 완성!

## ▌양파 보관함 만들기

상자가 열리는 한쪽 면을 안쪽으로 모두 접어 넣는다.

양 옆면의 위아래에는 송곳을 이용해 큼직한 구멍을 여러 개 낸다.

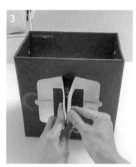
케이크 상자 손잡이를 서로 마주 보게 잡고 테이프로 붙인다.

바닥에 신문지, 키친타월 등을 깐 다음 감자, 양파 등을 넣고 위에 종이를 한 번 더 덮어준다.

## ▌미니 보관함 만들기

패스트푸드 상자를 활용해 아이 방 수납함 만들기!

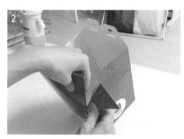
상자 위쪽의 점선으로 된 모서리 부분을 모두 뗀 다음 손잡이 부분을 안쪽으로 접어 붙인다.

조금 더 탄탄한 바닥을 위해 두꺼운 종이를 깐다.

나란히 놓으면 깜찍한 미니 보관함 세트 완성.

또 다른 버전! 한쪽 손잡이만 밖으로 나오게 접는다.

스마일~한 수납함 완성!

### ❺ 신발 상자 활용하기

신발 상자 한쪽에 송곳으로 구멍을 내 쇼핑백 손잡이를 걸어보자. 자르고 붙이며 만들 필요 없이 상자 자체가 다양한 공간에서 유용한 보관함이 된다.

### ❻ 컵라면 상자 활용하기

컵라면 상자의 활용도 더욱 간단하다. 컵라면 상자 역시 자르고 붙이는 과정 없이 플라스틱 손잡이 하나만 딱 걸어주면 끝! 플라스틱 손잡이는 다른 상자에 붙어 있던 것을 재활용하면 된다. 이 수납함은 옷장 아래 틈새 공간에 두어 낮은 수납함으로 활용하면 딱이다. 오! 낮은 수납함을 살 필요가 없구먼~

만약 알록달록한 상자의 겉표지가 신경 쓰인다면 옷장과 비슷한 색상의 시트지를 붙여보자. 더욱 깔끔하고 정돈된 느낌으로 사용할 수 있다. 누가 이걸 라면 상자로 보겠어~ 유후~~

신발 상자 한쪽을 송곳으로 구멍을 뚫어 쇼핑백 손잡이를 걸어주자.

간단하고 깔끔한 다용도 수납함 완성!

컵라면 상자의 활용도 간단.

컵라면 상자에 플라스틱 손잡이 하나만 딱 걸어주자.

옷장 아래 낮은 수납함으로 딱.

옷장과 비슷한 색상의 시트지를 붙이면 더 깔끔하고 정돈된 느낌으로 사용할 수 있다.

# '휴지심'이 할 수 있는 일 집중 탐구

휴지심도 살림에 활용할 수 있을까? 쉽게 버려지는 자그마한 휴지심! 작다고 무시하지 말자.
살림에 보탬이 되는 아이템인 휴지심이 할 수 있는 일은 생각보다 많다. 그러니 이제부터 무조건
쓰레기통은 No! 휴지심이 할 수 있는 일을 함께 살펴보자.

✽ **화장지 낭비 아껴주는 생활팁**

롤 화장지를 사용할 때는 화장지를 살짝
눌러 휴지심을 납작하게 만들면 조금만 당
겨도 쉽게 풀리는 동그란 원형의 휴지심보
다 화장지 낭비가 줄어든다.

# ❶ 포장지 정리

대부분 포장지 사용 후에는 돌돌 말아 고무줄로 묶어둔다. 하지만 얇은
재질의 포장지는 고무줄이 묶인 자리에 자국과 구김이 남아 다시 사용
하기 어려워지기 때문에 휴지심을 활용하면 좋다.

휴지심 전체를 사용해도 되고, 휴지심을 얇게 잘라 여러 개의 끈처럼
만들어도 된다. 고무줄이 필요 없구먼… ㅋ 🙂

만약 말아놓은 포장지가 두꺼워 휴지심에 포장지가 들어가지 않을 때
는 휴지심의 가운데 부분을 세로로 잘라 보자. 가운데를 잘라도 원래 모
양 그대로 말려 있어 포장지가 풀리지 않게 고정시켜 준다.

포장지 보관 시 휴지심을 활용해 정리하면 편리하다.

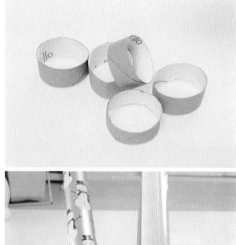

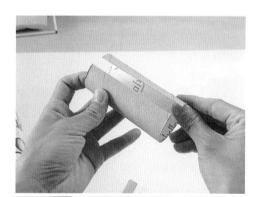

휴지심을 얇게 잘라 여러 개의 끈처럼 사용해도 좋다.

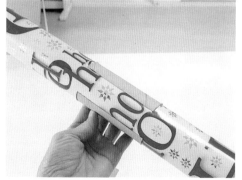

포장지가 두껍다면 휴지심 전체를 사진과 같이 잘라 활용하자.

수납하려는 물건 길이에 맞게 휴지심을 잘라
분류 수납해 보자.

## ❷ 내 맘대로 연필꽂이

상자와 휴지심을 활용해 연필꽂이를 만들어보자. 원하는 크기의 상자 안으로 휴지심만 톡톡 세우면 '내 맘대로 연필꽂이' 완성! 이때 재활용 상자와 휴지심을 예쁜 포장지나 색종이로 포장하면 더욱 깔끔하게 만들 수 있다.

길이가 제각각인 학용품들은 물건 길이에 맞게 휴지심을 잘라 길이별로 분류해 보자. 키가 작아 잘 보이지 않는 물건들도 한눈에 확인할 수 있고 책상 위 분위기도 더욱 깔끔해진다.

## ❸ 틈새 공간 활용에 제격!

수납 후 남는 아까운 틈새 공간! 그냥 버려두거나 무턱대고 아무 물건이나 뒤죽박죽 끼워 넣지 말고 이럴 때는 휴지심을 세워 덧신, 작은 양말, 얇은 스카프 등을 돌돌 말아 수납하자. 버려질 수 있었던 공간을 알차게, 정돈된 느낌으로 관리할 수 있어 Good!

휴지심을 세워 덧신, 작은 양말, 얇은 스카프 등을 돌돌 말아 수납해 보자.

Tip!

# 선물상자가 된다고?

휴지심에 포장지를 돌돌 감아 양쪽 끝부분을 각각 가운데로 접으면 너무도 간단히 선물상자가 만들어진다. 사탕이나 액세서리 등 휴지심에 들어갈 수 있는 작은 물건들은 이렇게 휴지심을 활용해 포장하면 나름 색다르고 재미있는 선물이 될 수 있으니 꼭 한 번 도전해 보길.

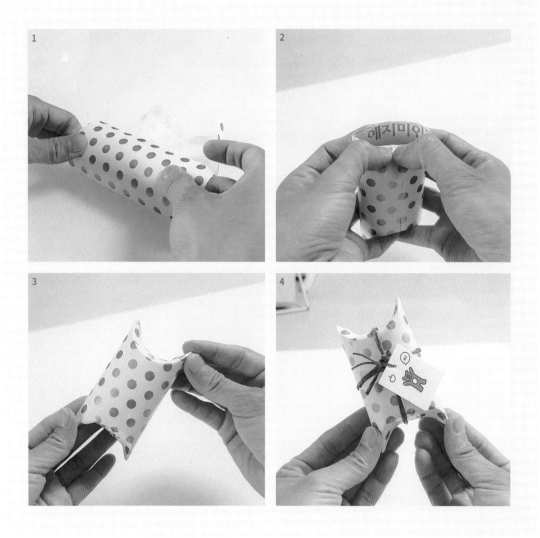

# 잠깐! 버리지 말고 바꿔 사용하기

다 사용했거나 못 쓰게 된 물건들은 버리기 마련! 하지만 원래의 목적이 끝났다고 무작정 버리지 말고
그 물건에 새로운 임무를 맡겨보자. 멋진 살림템이 되어 살림이 업그레이드된다.
그럼 앞서 소개한 재활용 팁들 외에도 또 다른 임무를 맡길 수 있는 물건들은 무엇이 있는지 함께 찾아보자.

## ✱ 프링글스 통 버리는 방법

프링글스 통을 버릴 때 뚜껑 부분만 플라
스틱으로 분류하고, 나머지는 종이로 버
리는 경우가 많다. 하지만 프링글스 통은
모두 세 가지로 분리 배출해야 한다는 사
실. 뚜껑은 플라스틱, 바닥은 알루미늄, 안
쪽이 비닐로 코팅되어 있는 본체는 일반
쓰레기. 이그… 번거롭구먼~ 그래도 지구를 위
한 일이니까 지켜서! 🐷

## ❶ 샌드위치 케이스의 새활용

샌드위치 케이스 중 2칸으로 나누어진 것이 있다. 여기에 각종 배달 소
스를 담아 냉장고 한쪽에 수납해 보자. 원래부터 배달 소스용 케이스인
듯 안성맞춤! 소스를 세로로 꽂아 보관할 수 있어 꺼내 쓰기 편하고, 소
스 뿐 아니라 크림치즈 등 낱개로 된 자잘한 재료 보관에 유용하다! 어머!
맞춤이네! 맞춤이야! 🐷

## ❷ 프링글스 통의 새활용

프링글스 통은 싱크대 상부장 또는 싱크대 선반에 글루건을 사용해 붙
여 보자. 가벼운 빨대나 나무젓가락 등을 보관하기 좋고 비어 있는 공간
이 알뜰해진다. 이외에도 프링글스 뚜껑을 컵받침으로 사용하거나 미
니 프링글스 통은 포장지를 둘러 연필꽂이로 활용해도 좋다.

    베이킹 소다와 주방세제를 섞은 후 아주 적은 양만 덜어 프링글스 통
안쪽을 살짝 세척해서 건조시키는데, 본체 부분이 종이인 만큼 물에 오
래 닿지 않도록 빠르게 세척하는 것이 좋다.

두 칸으로 나뉜 샌드위치 케이스는 배달 소스 통으로 활용하면
Good!

냉장고 한쪽에 두면 수납도 사용도 편하게 쏙쏙~

싱크대에 프링글스 통을 붙여 가벼운 빨대나 나무젓가락 등을
보관해 보자.

마땅한 컵 받침이 없을 때는 프링글스 뚜껑을 컵 받침으로
사용해도 좋다.

아이들 장난감 수납에도 OK!

작은 크기의 프링글스 통은 포장지를 둘러 예쁜 연필꽂이로
사용해 보자.

구멍 난 고무장갑의 손가락 부분을 세워 놓는
도구 손잡이에 씌워보자.

고무장갑의 마찰 덕분에 쓰러짐 없이 편하게
사용할 수 있다.

## ❸ 구멍 난 고무장갑은 이렇게!

구멍 난 고무장갑의 손가락 부분을 잘라 세워놓는 도구 손잡이 끝에 씌
워보자. 청소 중간에 잠깐 벽에 기대 세워놓을 때 픽픽 쓰러지던 청소도
구. 아아악~ 짜증쓰~ 🙄 고무장갑 손잡이의 마찰 덕분에 쓰러짐 없이 편
하게 사용할 수 있다.

고무장갑의 넓은 입구 부분을 얇게 잘라 옷소매를 고정해도 좋다. 고
무밴드 역할을 해주어 청소할 때 옷이 덜 흘러내린다.

## ❹ 아이스크림 몰드의 변신

집마다 하나쯤은 가지고 있는 아이스크림 몰드. 아이스크림 몰드는 사
용하다 보면 손잡이가 하나, 둘 부러져 사용할 수 없게 되기도 한다. 으~
이놈들이 또 부러뜨려 놨네! 🙄 그렇다고 그냥 버리는 건 No! 아이스크림 몰드
에게 또 다른 역할을 할 수 있는 기회를 주자.

바로 칫솔 살균기로의 변신! 칸칸이 나뉘어 있는 아이스크림 몰드는
칫솔을 하나씩 따로 담가 소독할 수 있어 좋다. 칸마다 뜨거운 물에 구연
산을 넣어 잘 희석한 후 칫솔을 꽂으면 간단히 소독 끝!

구연산 외에도 베이킹 소다, 구강청결제, 굵은 소금 등으로 소독해도
좋고, 소독을 마친 칫솔은 깨끗이 헹궈 햇볕에 말리면 된다. 실리콘 재
질의 아이스크림 몰드는 뜨거운 물에 끓여도 되기 때문에 주기적으로
열탕 소독을 해 관리할 수 있어 좋다.

손잡이가 부러져 더 이상 사용하기 어려운 아이스크림 몰드가
있다면?

물에 구연산을 희석해 칫솔을 꽂아 소독해 보자.

칫솔을 칸마다 따로 담가 소독할 수 있어 위생적이다.

소독을 마친 칫솔은 깨끗이 헹궈 햇볕에 말리면 끝!

실리콘 재질의 아이스크림 몰드는 주기적으로 열탕 소독으로 관리할 수 있어 좋다.

## ❺ 뚜껑을 찾아주세요

펌핑 형태의 제품은 내용물을 거의 다 사용하면 펌핑이 잘되지 않아 사용이 불편할 때가 많다. 거꾸로 세우기에는 펌핑 뚜껑 특성상 잘 세워지지도 않아 보통 이럴 때는 번거롭지만 뚜껑을 열어 손바닥이 빨개지도록 두드려 사용하기 일쑤! 펌핑 제품의 뚜껑을 납작한 일반 뚜껑으로 교체하자.

집 안 곳곳을 살펴보면 펌핑 제품에 꼭 맞는 뚜껑을 생각보다 쉽게 찾을 수 있다. 일반 뚜껑으로 바꾸면 쉽게 거꾸로 세울 수 있어 남은 내용물까지 알뜰하게 사용할 수 있다.

내용물이 거의 남지 않아 펌핑이 어렵다면?

내용물이 얼마 남지 않은 펌핑 형태의 헤어로션.

납작한 형태의 일반 뚜껑으로 교체하자.

납작한 뚜껑으로 교체해 거꾸로 세워두면 남은 내용물까지 알뜰하게!

마지막까지 알뜰하게 치약을 사용할 수 있다.

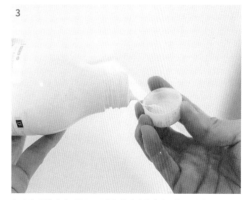

손바닥이 빨개지도록 두드릴 일 없이 편하게 사용할 수 있다.

# 유지가 어려운
# 당신에게

**"계속 되뇌며 행동하세요"**

수납의 적용보다 유지에 어려움을 느껴 자꾸만 수납을 포기하게 된다면 유지가 수월한 수납 방법과 함께 이 수납이 자리 잡을 수 있도록 도와주는 습관을 만들어보자. 물론 익숙하지 않은 새로운 습관들을 처음부터 자연스럽게 이어간다는 것은 누구에게나 어려운 일! 그러니까! 절대 쉽지 않아… 흑… 그러니 수납의 습관화가 생각대로 되지 않는다고 해서 너무 쉽게 포기하며 내려놓지는 말자. 모든 일이 마찬가지겠지만 한순간에 모든 것을 이룰 수는 없다. 새로운 수납 습관을 빠르게 익히려고 하기보다는 자신이 만들고자 하는 습관이 서서히 자기 몸에 자연스럽게 스며들 수 있도록 꾸준한 노력을 기울이는 것이 포인트. 그리고 이런 습관들이 조금 더 쉽게 자리 잡을 수 있도록 수납을 하더라도 내가 생각하는 수납을 계속해서 되뇌며 행동할 수 있도록 하자.

　예를 들면 옷을 정리할 때는 '그래! 세로 수납! 세로로 넣고! 또 넣고!', '티셔츠는 종류별로 넣어야지!', '양말은 돌돌 말아 이곳에 쏙' 등 자신이 현재 생각하고 있는, 그리고 새롭게 들이고자 하는 습관에 대해 아주 명확한 의식을 가지고 계속해서 되뇌며 행동하는 것이다. 색상별로 넣게 이건 흰색! 이건 초록색! 이렇게 계속해서 생각하며 되뇌는 행동들은 나도 모르는 사이 습관이 몸에 자리 잡히도록 만든다. 그리고 이렇게 굳어진 습관들은 무의식의 상태에서도 몸을 움직이게 만들기 때문에 자신이 선택한 수납을 조금 더 편안하게, 그리고 계속해서 유지하는데 많은 도움을 받을 수 있다. 어? 멍때렸는데 옷이 제대로 정리돼 있네?

　다만 앞서 말했듯이 습관은 하루아침에 이뤄질 수 없는 것! 그렇기 때문에 작심삼일이 아닌 적어도 두 달 이상은 포기하지 말고 계속해서 끈기 있게 도전해 보자. 성실이 습관이 된다는 말이 있다. 꾸준히 말하는 대로 행동하다 보면 습관이 되기에 내가 하고 있는 이 수납이 꾸준히 유지까지 이어갈 수 있는 수납이 되도록 계속해서 되뇌며 행동하자.

## "욕심은 금물"

수납을 시작하게 되면 잘해보고 싶은 마음에 의욕이 넘쳐 모든 공간을 제대로 수납하려 도전하는 경우가 많다. 하지만 수납을 하는데 있어 욕심은 금물! 한꺼번에 너무 많은 공간을 새로운 수납 방법으로 계속해서 이어가려고 하면 심적으로나 육체적으로도 아주 많은 어려움이 따른다. 아~ 왜 이리 힘들까? 때문에 수납의 유지를 꾸준히 이어나가고 싶다면 욕심을 버리고 가장 좋아하는 공간 또는 자신이 수납을 가장 잘 해낼 수 있을 것 같은 공간부터 선택해 정리를 시작하자.

대신 너무 넓지 않은 공간, 예를 들어 책상 서랍 중에서는 '오른쪽 책상 서랍' 또는 '옷장 중에서는 옷장 한 칸' 등 너무 넓지 않은 공간부터 정리를 시작해 보는 것이다. 그리고 그 공간의 수납이 점점 손에 익어 유지까지도 꾸준히 이어지면 그때부터 수납 공간을 넓혀가는 것이 좋다. 이는 자칫 의욕만 넘쳐 금방 지쳐버릴 수 있는 수납을 조금 더 꾸준히 유지하며 이어갈 수 있는 힘을 준다. 수납에 있어서 기억해야 할 원칙은 '욕심은 금물'. 하나씩 하나씩 정리 공간을 넓혀가는 방법을 통해 수납과 친해져보자. 서랍 하나 클리어! 흐흐…

## "하는 김에 정리"

조금 더 수월하게 정리를 하고 싶다면 '하는 김에 정리'를 활용하자! 말 그대로 책상을 닦는 김에 책상 서랍을 정리하고, 화장하는 김에 화장대를 정리하는 등 그 해당 공간에서 함께 이뤄질 수 있는 일들이 있다면 병행하여 행동해 보는 것이다. 이는 집안일을 몰아서 하기보다는 상황에 따라 정리해야 하는 것들을 그때그때 조금씩 해 놓게 되어 평소 큰 정리를 하지 않아도 깨끗한 공간을 유지하는데 도움이 된다. 나는 청소도 정리도 하는 김에 해~!

특히 이 '하는 김에 정리'는 TV를 보며 빨래를 접고, 전화 하며 서랍 정리를 하는 등 하기 싫은 일들을 해야만 할 때 자신이 즐겁게 할 수 있는 일들과 병행하여 활용해 본다면 자칫 지루할 수 있는 살림을 조금 더 쉽고 편한 마음으로 할 수 있다. 그리고 동선을 정해 '욕실에 가는 김에 수건 정리', '방에 가는 김에 입던 옷 정리' 등 '가는 김에 정리'도 함께 활용해 보자. 같은 공간을 여러 번 반복해서 왔다 갔다 하는 행동이 줄어들기 때문에 쉽게 지칠 수 있는 살림에 도움을 준다.

## "소통은 유지에 또 다른 힘이 될 수 있어요"

모든 일에는 노력이 필요하듯 수납 역시 제대로 자리를 잡기 위해서는 많은 노력이 필요하다. 하지만 막상 수납하다 보면 가끔 외롭거나 흔들릴 때도 있어 자신의 마음을 스스로 지키기 어려울 때가 많다. 이럴 때는 주위 지인이나 SNS를 통해 공감할 수 있는 사람들과 소통을 해보는 것이 좋다. 오늘부터 수납 시작! 유지를 향해!

소통을 통해 누군가에게 나의 계획이나 다짐을 알릴 수 있고 이는 곧 나에게 또 다른 책임감이 생기는 계기가 되어 자신이 계획한 일들이 쉽게 흔들리거나 실패할 확률을 줄여준다. 그리고 같은 공감대를 가진 사람들끼리는 심적으로도 서로 많은 위안과 힘을 받을 수 있다. 아~ 나만 그런 게 아니었구나… 특히 자신이 정리한 공간, 유지하고 있는 공간의 사진도 찍어 사람들과 함께 소통해 보자. 힘들게 노력하고 열심히 유지하고 있는 깔끔한 공간들은 나 자신에게도 많은 뿌듯함과 성취감을 주지만 이런 노력을 누군가와 함께 공유하는 일은 수납의 유지를 또 하나의 즐거운 작업으로 느껴 긍정적인 효과를 줄 수 있다. 저도 해냈어요! 아자!

기억하자! 뭐든 즐거운 건 꾸준히 이어가기 쉽다. 그러니 작은 습관 하나라도 그 습관을 만들기 위해 최대한 즐길 수 있는 마음으로 그 일을 바라보고, 즐거운 수납을 위해 자신이 즐길 수 있는 방법을 적극 활용하자.

더 하 는   인 사

육아와 살림에만 매달려 나란 존재를 잊고 살다 아이들에게 가는 수고로움이 잦아들 때쯤 우연한 기회로

유튜브를 시작하게 되었습니다. 그렇게 나의 수납 이야기와 살림 팁을 공유하고 소통도 하며 유튜브의 활동을

이어가던 중 책 출판의 제의가 들어왔고 겁도 없이 덜컥 그 제안을 받아들인 저는 2년 동안 틈틈이 작업한 끝에

이 책을 여러분께 건네드릴 수 있게 되었어요. 바쁜 일정 속 원고 작업까지 해야 했기에 평소와는 달리 조금 불량한

엄마와 아내가 되어야 했지만 오히려 그런 저를 더욱 많이 이해해 주고 지지해 준 너무 멋진 저희 신랑과 두 아들,

그리고 가족 모두에게 감사함을 전합니다. 항상 따뜻한 응원과 힘을 주신 현실라이프 구독자분들, 오랜 친구들과

지인분들께도 감사드리며 늘 예쁜 하루 보내세요!

**〈 에코 미니멀 살림 연습 〉**
슬로우데이 양순아 지음 / 256쪽

## 극강의 맥시멀리스트였던 주부의
## 미니멀 + 제로 웨이스트 라이프

☑ 다섯 가지 살림 이야기와 누구나 공감하며
　읽을 수 있는 저자만의 진솔한 '살림 에세이'로 구성

☑ 하나씩 천천히 실천하면서 습관으로 만드는
　7단계 에코 미니멀 살림 연습

☑ 필요할 때마다 펼쳐 놓고 따라 하는 세심한
　'살림 하우 투(How to)'를 풍부하게 소개

☑ 쉽고도 유용한 살림 팁과 반짝이는 아이디어를
　인스타그램과 유튜브를 통해 공유

## 팬 하나, 냄비 하나로 더 쉽게!
## 비용과 노력 대비 더 맛있는 집밥 레시피

☑ 밥, 국수, 반찬, 국물요리 등의 일상식은 물론
　아이들 간식, 혼술 안주 등 90여 가지 가성비 메뉴

☑ SNS 54만 팔로워의 전폭적인 지지를 받고 있는
　현실 워킹맘의 더 쉬운 한 끼를 위한 레시피

☑ 국물요리 등에 다시팩이나 시판 곰탕을 활용해
　조리 시간은 줄이고 맛의 깊이는 더하는 노하우

☑ SNS 팔로워들에게 가장 인기 있었던
　10가지 메뉴에는 따라 하기 쉽게 QR코드 삽입

**〈 더 쉬운 가성비 집밥 〉**
더쉬운찬 정혜원 지음 / 192쪽

## 카페 메뉴 컨설턴트 아리미의 노하우 담긴
## 속이 꽉 찬 뚱샌드위치 & 토핑 듬뿍 핫도그

☑ 아리미쌤의 가장 자신 있는 기본 조합!
속이 꽉 찬 50여 가지 메뉴

☑ 빵, 채소, 스프레드 등 기본 재료만으로 집에서도
카페처럼 맛있게 만들 수 있는 쉽고 가성비 높은 레시피

☑ 식사, 브런치, 도시락, 간식으로
두루두루 활용할 수 있는 다채로운 맛과 식감

☑ 카페 샌드위치만의 기본 스프레드, 홈메이드 소스,
포장법까지 가득 담긴 깨알 노하우

〈 매일 만들어 먹고 싶은 식빵 샌드위치 & 토핑 핫도그 〉
아리미 신아림 지음 / 144쪽

## 평범했던 집밥, 비슷했던 도시락을
## 더욱 맛있고 특별하게 해줄 별미 한입밥

☑ 매일 먹어도 맛있는 별미김밥, 각양각색 주먹밥,
토핑이 근사한 유부초밥 등 총 48가지 레시피

☑ 고물가, 불경기에 알뜰하면서도 건강하게,
집에 있는 재료만으로 휘리릭 만드는 한입밥

☑ 소풍이나 체험학습 도시락부터 학생이나
직장인 도시락까지 아침이 간편한 메뉴

☑ 한입밥에 곁들이기 좋은 국물과 더 풍성해지는
사이드 메뉴까지 다양하게 소개

〈 매일 만들어 먹고 싶은 별미김밥 / 주먹밥 / 토핑유부초밥 〉
정민 지음 / 136쪽

목돈 드는
# 인테리어 대신
오늘 바로 시작하는
# 현실 수납

| 1판 1쇄 펴낸 날 | 2024년 4월 23일 |
| --- | --- |

| 편집장 | 김상애 |
| --- | --- |
| 책임편집 | 정남영 |
| 디자인 | 조운희 |
| 사진보정 | 박형인(studio TOM) |
| 일러스트 | BODAM |
| 기획 · 마케팅 | 내도우리 · 엄지혜 |

| 편집주간 | 박성주 |
| --- | --- |
| 펴낸이 | 조준일 |

| 펴낸곳 | (주)레시피팩토리 |
| --- | --- |
| 주소 | 서울특별시 용산구 한강대로 95 래미안용산더센트럴 A동 509호 |
| 대표번호 | 02-534-7011 |
| 팩스 | 02-6969-5100 |
| 홈페이지 | www.recipefactory.co.kr |
| 애독자 카페 | cafe.naver.com/superecipe(레시피팩토리 프렌즈) |
| 인스타그램 | @recipefactory |
| 출판신고 | 2009년 1월 28일 제25100-2009-000038호 |

| 제작 · 인쇄 | (주)대한프린테크 |
| --- | --- |

값 19,800원

ISBN 979-11-92366-37-1